Pilzkultur:

Ihre Ausweitung und Verbesserung

W. Robinson

Writat

Cette édition parue en 2024

ISBN : 9789359942025

Publié par
Writat
email : info@writat.com

Inhalt

VORWORT. ....- 1 -

WO PILZE ANGEBAUT WERDEN KÖNNEN. ....- 3 -

KAPITEL I. ....- 4 -

KAPITEL II ....- 13 -

KAPITEL III. ....- 19 -

KAPITEL IV. ....- 25 -

KAPITEL V. ....- 31 -

KAPITEL VI. ....- 40 -

Kapitel VII. ....- 53 -

KAPITEL VIII. ....- 58 -

KAPITEL IX. ....- 61 -

KAPITEL X. ....- 65 -

KAPITEL XI. ....- 69 -

KAPITEL XII. ....- 73 -

VORWORT.

ICH habe dieses Buch aus folgenden Gründen geschrieben: Erstens wird Pilzzucht in diesem Land nur wenig praktiziert, verglichen mit dem Ausmaß, in dem sie praktiziert werden sollte, wenn man den Überfluss der notwendigen Materialien in allen Teilen dieser Inseln, sowohl in der Stadt als auch auf dem Land, und die hohe Wertschätzung bedenkt, die dem Pilz entgegengebracht wird. Ich beziehe mich jetzt auf die gewöhnliche Pilzzucht, wie sie in unseren besten Privatgärten praktiziert wird. Ich halte es für möglich und wünschenswert, diese einzige Phase der Zucht, die man als populär bezeichnen kann, um das Zehnfache auszudehnen, und dass jeder Ort, an dem ein Gärtner und Pferde gehalten werden, während des größten Teils des Jahres reichlich mit Pilzen versorgt sein sollte. Zweitens ist die Pilzzucht, wie sie üblicherweise praktiziert wird, zwar guten Züchtern bestens bekannt, doch wäre für den ungeübten Amateur und Züchter eine einfachere und ausführlichere Darstellung wünschenswert, als sie bisher in irgendeinem englischen Buch zu diesem Thema erschienen ist. Drittens ist die Pilzzucht gegenwärtig auf einen zu engen Rahmen beschränkt; und die Überzeugung, dass die breite Öffentlichkeit [vi] von Gärtnern eine umfassende und klare Vorstellung von den verschiedenen Möglichkeiten haben sollte, wie sie mit sehr geringem Aufwand eine Fülle hervorragender Pilze anbauen können. Selbst viele der besten privaten Züchter denken nie daran, außer wenn sie es auf ihren verhältnismäßig kleinen Beeten in kleinen Häusern darstellen. Ich glaube, wenn das Wissen darüber, wie einfach und auf wie viele Arten sie, abgesehen von der üblichen Methode, angebaut werden können, ausreichend verbreitet wäre, könnte dies zu einer Produktion führen, die ein Vielfaches unserer gegenwärtigen Menge beträgt. Viertens der Wunsch, in diesem und anderen Ländern das System der Pilzzucht in sehr großem Maßstab einzuführen, das in Höhlen unter der Umgebung von Paris betrieben wird, die ich 1868 besucht habe.

Zu diesen Gründen möchte ich noch den Wunsch hinzufügen, auf die Geldverschwendung für Pilzmyzel aufmerksam zu machen, die heute in fast jedem Garten vorkommt. Es besteht nicht die geringste Notwendigkeit dafür. In jedem Garten, in dem Pilze angebaut werden, kann Pilzmyzel in Hülle und Fülle produziert werden. Mr. WP AYRES SCHRIEB MIR KÜRZLICH, DASS IN EINEM GROßEN GARTEN IN DEN MIDLANDS, WO DIE PILZKOSTEN FRÜHER 18 oder 19 *l pro Jahr* betrugen , durch die Aufbewahrung des Myzels, wie es die Pariser Züchter tun, alle Kosten für diesen Artikel entfallen.

Ich versuche nicht, die Vorzüge des Pilzes zu loben oder auch nur gebührend abzuwägen – das konnte nur der unsterbliche BRILLAT-SAVARIN ANGEMESSEN TUN . Er scheint jedoch dieses kostbarste *Gemüse etwas vernachlässigt zu haben* . Nur seine ernsthafte Seele hätte das Thema mit der nötigen Ernsthaftigkeit angehen können . Niemand außer dem, der als Erster die großen Gefahren hastiger, gedankenloser und respektloser Ernährung erkannte, hätte seinem exquisiten Geschmack gerecht werden können, wenn er in bestem Zustand war, oder hätte erklären können, wie köstlich er die Vorzüge von Kraut und Fleisch kombinierte, die beiden unaussprechlich überlegen waren. Lassen Sie uns nebenbei einen seiner Aphorismen zitieren, der zur ewigen *Grundlage der Wissenschaft beitrug* : „ *Die Entdeckung eines neuen Fleisches mehr zum Glück der menschlichen Gattung, das die Entdeckung eines Sterns ist!* "

Nun zögere ich nicht zu sagen, dass die Einführung des Pilzes in unsere heimische Wirtschaft in dem Ausmaß, in dem wir ihn produzieren können, praktisch eine unübertroffene Ergänzung unserer Küche *wäre* für seine Feinheit und unübertroffen in seiner Nützlichkeit. Es ist wahr, dass der Pilz zu seiner Jahreszeit reichlich vorhanden ist, aber bei uns ist er zu allen Jahreszeiten, wenn er nicht im Freien gepflückt werden soll, ein Luxus für viele Gartenbesitzer, die die Möglichkeit haben, ihn anzubauen. Was die viel größere Klasse betrifft, die von unseren Märkten versorgt werden sollte, so sieht oder schmeckt sie selten einen Pilz, es sei denn, dieser kommt auf unseren Feldern in Hülle und Fülle vor, obwohl jeder Karren mit Stallmist, der in diesem großen Pferdehaltungsland produziert wird, möglicherweise auf Sein Weg zur Zersetzung und Wiederauffüllung der Erde soll zu einem Nährboden für die Zubereitung vieler Gerichte daraus gemacht werden.

[viii]

Die Illustrationen, die die Höhlenkultur von Pilzen zeigen, stammen aus meinem Buch „Parks, Promenaden und Gärten von Paris". Und das Titelbild ist nach zwei großen Ausschnitten der Pilzhöhlen von Paris entstanden, die einige Zeit nach dem Erscheinen meiner Arbeit in den *Illustrated London News erschienen*. Die Illustrationen von essbaren Pilzen stammen von Herrn WORTHINGTON G. SMITH , der diese interessanten Themen so gut kennt und zeichnet; und die anderen Figuren stammen von Herrn HODGKIN .

WO PILZE ANGEBAUT WERDEN KÖNNEN.

DIE Orte, an denen Pilze gezüchtet werden können, können grob wie folgt gruppiert werden: – 1. Im eigentlichen Pilzhaus. 2. In Schuppen, Kellern, Nebengebäuden, Ställen, Eisenbahnbögen usw. 3. In tiefen Höhlen, wie denen in der Nähe von Paris, die weiter unten beschrieben werden. 4. Im Freien, in Gärten oder Feldern, auf vorbereiteten Beeten. 5. In Gärten, zwischen verschiedenen Kulturen, ohne jegliche Vorbereitung außer dem Einsetzen des Brutbruts. 6. Auf Weiden, wo der Pilz noch nicht etabliert ist.

Zu diesen könnte ich eine weitere Gruppe hinzufügen, illustriert durch den Fall eines belgischen Kochs, der in einem Paar alter Holzschuhe ein Gericht mit Pilzen anbaute; Aber praktisch können wir unter den oben genannten Überschriften fast jede mögliche Art der Pilzzucht behandeln.

KAPITEL I.

PILZKULTUR IM PILZHAUS.

Abb. 1. Pilzhaus auf der Rückseite von Treibhäusern.

DIE ZUCHT im Pilzhaus die am häufigsten praktizierte und insgesamt wichtigste Phase des Themas ist, werden wir uns zuerst damit befassen. Und zuerst mit dem Pilzhaus selbst. Seine Konstruktion ist sehr einfach: Die zu erreichenden Bedingungen sind eine gleichmäßige Temperatur, die durch dicke oder hohle Wände und ein Doppeldach gewährleistet wird. Abbildung 1 zeigt ein Haus, das Mr. Ormson, der bekannte Gartenbauer, für mich entworfen hat.

Es befindet sich an der Rückseite der Gewächshäuser, wo ein Vorlauf- und Rücklaufrohr für künstliche Wärme verlegt werden kann. Die Regale zum Anlegen der Beete bestehen aus 1½ Zoll dickem Schiefer oder aus 2½ Zoll dickem Stein und sind in die Wände und in Ziegelpfeiler aus Zement eingebaut. Aufrechte Schieferplatten, die in Rillen gleiten, sind entlang der Vorderseite der Regale angebracht, um die Beete darin zu halten.

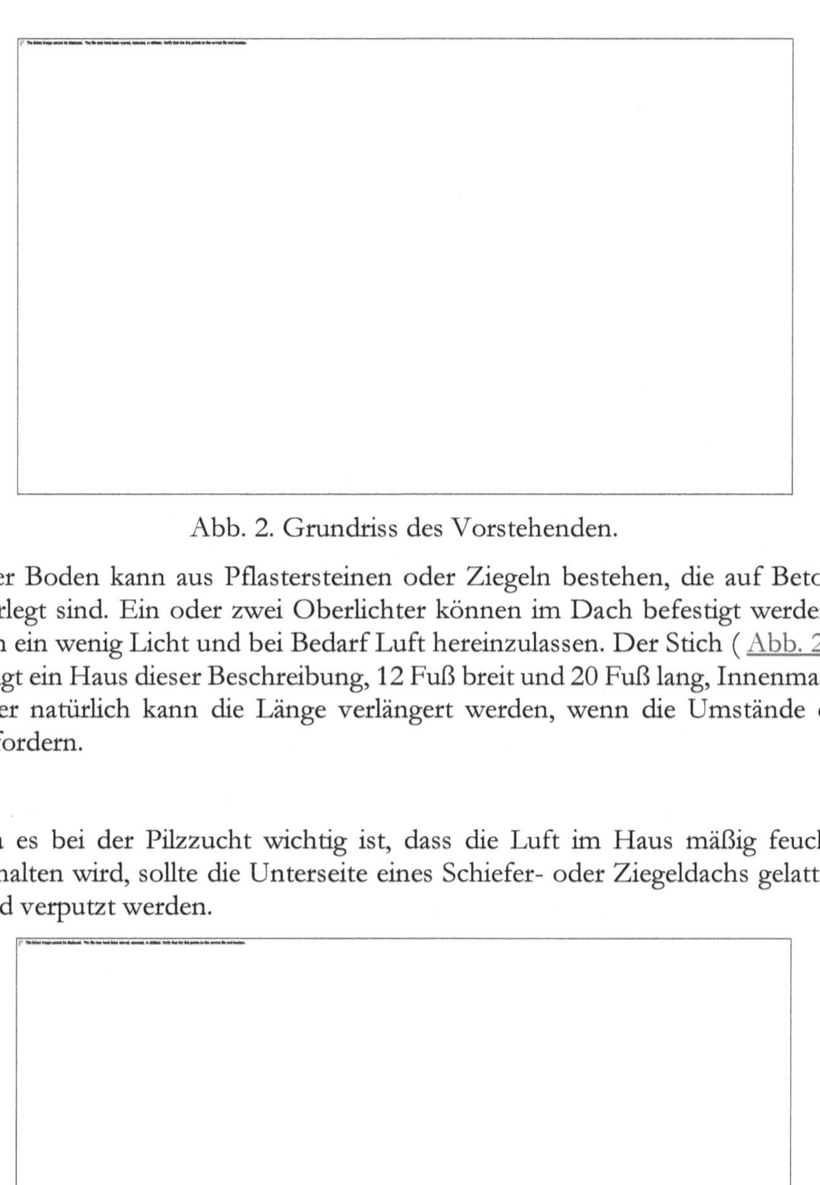

Abb. 2. Grundriss des Vorstehenden.

Der Boden kann aus Pflastersteinen oder Ziegeln bestehen, die auf Beton verlegt sind. Ein oder zwei Oberlichter können im Dach befestigt werden, um ein wenig Licht und bei Bedarf Luft hereinzulassen. Der Stich (Abb. 2) zeigt ein Haus dieser Beschreibung, 12 Fuß breit und 20 Fuß lang, Innenmaß, aber natürlich kann die Länge verlängert werden, wenn die Umstände es erfordern.

Da es bei der Pilzzucht wichtig ist, dass die Luft im Haus mäßig feucht gehalten wird, sollte die Unterseite eines Schiefer- oder Ziegeldachs gelattet und verputzt werden.

Abb. 3. Ansicht eines unbeheizten Pilzhauses.

Abb. 4. Abschnitt der vorherigen Abbildung.

Abbildung 3 zeigt ein Pilzhaus, das für Leute mit geringen Mitteln oder für diejenigen geeignet ist, die Plan Nr. 1 nicht umsetzen können. Es ist so konzipiert, dass man während des größten Teils des Jahres Pilze ohne künstliche Wärme züchten kann. Zu diesem Zweck ist es so konstruiert, dass es nicht durch Änderungen der Außentemperatur beeinflusst wird, wie aus der Gravur hervorgeht. Die Wände sind hohl und mit der aus dem Inneren ausgehobenen Erde rundum aufgeschüttet. Das Dach ist mit Schilf gedeckt und die Enden sind aus Fachwerk, innen mit Brettern und außen mit gespaltenen Lärchenstangen ausgekleidet. Der Hohlraum ist mit Sägemehl oder geschnittenem Stroh zu füllen. An jedem Ende ist ein kleiner rautenförmiger Ventilator an Zapfen zu befestigen. Der Boden kann aus Beton oder gut gestampftem gebranntem Lehm bestehen. Die Beete werden durch Bretter, die an gute Eichenpfosten genagelt sind, an ihrem Platz gehalten. Es sollte darauf geachtet werden, wirksame Abflüsse einzubauen, damit sich keine stehende Feuchtigkeit um das Gebäude herum bilden kann.

Abb. 5. Abschnitt des Pilzhauses in Frogmore.

Obwohl die vorangegangenen Schnitte zeigen, wie wir unser Ziel am besten erreichen, sind hier noch ein paar weitere Abbildungen von Pilzhäusern wünschenswert. Die Abbildungen 5 und 6 zeigen den Plan der Pilzhäuser in Frogmore, der von Mr. Rose zuvorkommend mitgeteilt wurde.

Abb. 6. Grundriss des Pilzhauses in Frogmore.

Es braucht kaum gesagt zu werden, dass in solch großen Pilzhäusern Rhabarber und Meerkohl leicht forciert werden können, und Barbe de Capucin, Endivie usw. blanchiert.

Ein kleines Warmwassergerät mit einem 3-Zoll-Vorlauf- und Rücklaufrohr ist die beste Möglichkeit, ein Pilzhaus zu heizen, das nicht so aufgestellt ist, dass es von den Kesseln benachbarter Treibhäuser beheizt werden kann. Das Pilzhaus sollte am besten an einer Nordwand aufgestellt werden. Beim Pilzhaus sollten die üblichen Vorsichtsmaßnahmen zum Schutz vor feuchten Wänden und Böden getroffen werden, und die Wände sollten hohl sein.

Forsyths Pilzhaus wird vom Designer in Loudons *Gardener's Magazine* beschrieben . Abb. 7 ist ein Querschnitt, der die Bögen unter und über den Beeten zeigt, der Durchgang *a* ist die Mitte und die Position der Warmwasserrohre *c* ; *b* ist ein offener Schuppen und eine allgemeine Werkstatt, der Behälter für alles, was Schutz benötigt, und der zu sperrig ist, um anders untergebracht zu werden.

Abb. 7. Pilzhaus unter Schuppen.

Ein Schuppen dieser Art ist eine unverzichtbare Ergänzung jedes wohlgeordneten Gartens und dient im vorliegenden Fall als Dach für das Pilzhaus. In der Mitte jedes Gewölbes, wie in Abb. Gemäß 7 sollte ein kreisförmiger Ventilator mit einem Durchmesser von 9 *Zoll* hergestellt werden, mit einem Stopfen aus Stein und Gusseisen und einem Faltring. Das gesamte Dach des Pilzhauses ist mit Pflaster bedeckt, das gleichzeitig den Boden des darüber liegenden Schuppens bildet. Herr Forsyth erhebt Einwände gegen gusseiserne Regale „wegen des Rosts und gegen Schieferregale, da diese kalt und feucht und daher für den Zweck nicht geeignet seien"; aber er kennt keine Einwände gegen Regale, die aus Ziegeln und Mörtel gebaut, mit behauenen Steinen von 3 Zoll Breite eingefasst und mit Blei zusammengeklemmt sind.

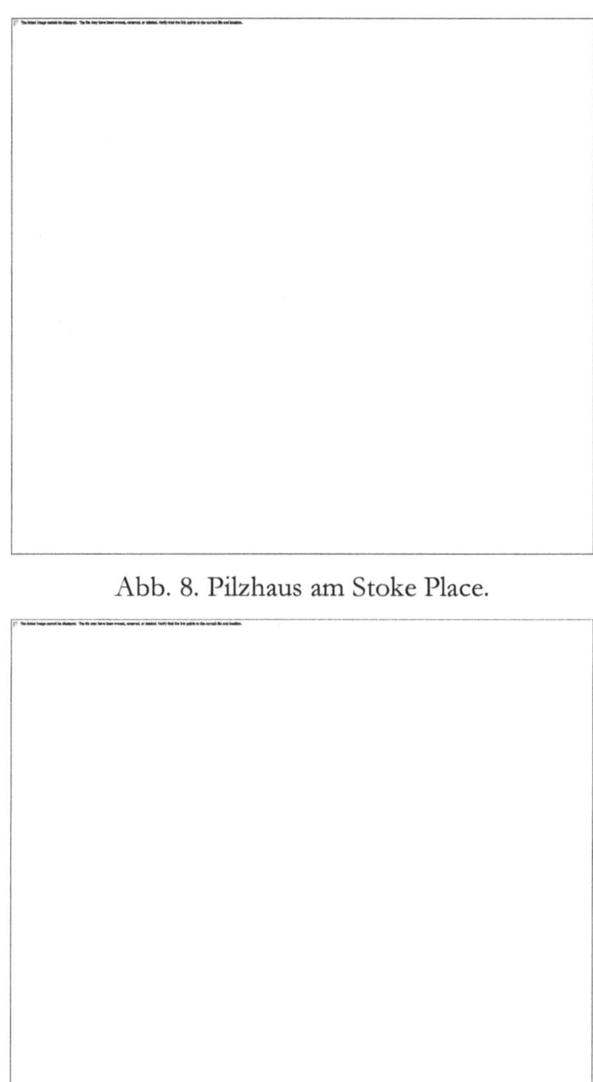

Abb. 8. Pilzhaus am Stoke Place.

Abb. 9.

Die beigefügten Diagramme (Abb. 8 und 9) zeigen die Pilzhäuser, die in Stoke Place sowohl für den Sommer als auch für den Winter verwendet wurden, wie von Macintosh im „Book of the Garden" beschrieben. „Natürlich werden erstere nicht beheizt; letztere werden durch 4 Zoll lange Warmwasserrohre beheizt, die von einem Kessel kommen, der so konstruiert ist, dass er gleichzeitig eine Reihe von 89 Fuß langen und 7 Fuß breiten Gruben für Kiefern, Melonen usw. beheizt. Die Regale haben einen geschlossenen Boden, damit die Beete nicht zu schnell austrocknen und weniger Wasser benötigt wird, was Mr. Patrick für eine sehr wichtige

Vorsichtsmaßnahme in der Pilzzucht hält. Die Belüftung erfolgt durch eine Rutsche in der Tür und einen Holzkasten, der durch den Bogen und das Dach geführt wird und ebenfalls mit einer Rutsche versehen ist. Wir verstehen nicht ganz, was Mr. Patrick, den wir seit langem als einen der besten Gärtner Englands kennen und schätzen, dazu veranlasst hat, dieses Haus mit einem Satteldach auszustatten, da ein Pultdach aufgrund seiner Lage hinter der Gartenmauer billiger gewesen wäre und das Regenwasser besser abgeführt hätte. Es ist zwar ein ziemlich neuer, aber dennoch guter Plan, das innere Dach aus einem Ziegelbogen zu konstruieren, da dies natürlich das äußere vor dem Verfall bewahrt, dem alle Pilzhausdächer mehr ausgesetzt sind als jede andere Art von Gartengebäude. Dieses Haus erschien uns auf den ersten Blick als sehr vollständig, bis auf die Breite. Wir sollten es auf 9 Fuß vergrößern – das heißt, 3 Fuß für die Breite der Beete auf jeder Seite und das Gleiche für den Fußweg, der derzeit unpraktisch schmal ist.“

Abb. 10. Russisches Pilzhaus.

Das russische Pilzhaus (Abb. 10) wird so von Herrn Oldacre in *„Transactions“ der Horticultural Society* , Bd. 1, beschrieben . ii. erste Serie. „Die Außenwände sollten bei Betten mit vier Höhen 8½ Fuß hoch sein, bei Betten mit drei Höhen 6½ Fuß und innerhalb der Wände 10 Fuß breit sein. Dies ist die bequemste Breite, da sie Platz für Regale mit einer Breite von 3½ Fuß auf jeder Seite bietet und in der Mitte des Hauses einen Raum von 3 Fuß Breite für einen doppelten Kamin und einen darauf begehbaren Raum bietet.“ Als dieses Haus errichtet wurde, waren keine Warmwasserleitungen in Gebrauch. „Die Wände sollten 9 Zoll dick sein und die Länge des Hauses sollte nach Bedarf angepasst werden. Wenn die Außenseite des Hauses gebaut ist, legen Sie darüber eine Decke (so hoch wie die Oberkante der Wände) aus 1 Zoll dicken Brettern und verputzen Sie sie auf der Oberseite mit gut verknetetem Straßensand, 1 Zoll dick wird gefunden, dass sie Kalk überlegen sind), wobei quadratische Stämme, *f*, in der Decke mit einer Breite von 9 Zoll in der Mitte des Hauses, in einem Abstand von 6 Fuß voneinander, mit Rutschen, *s*, darunter zum Ein- und Aussteigen verbleiben Luft bei Bedarf. Nachdem dies geschehen ist, errichten Sie zwei einzelne Ziegelmauern *vv*, jede fünf Ziegel hoch, im Abstand von 3½ Fuß von den Außenwänden, um die Seiten der unteren Betten *aa zu stützen* und eine Seite des Luftabzugs zu bilden, *Tutu*, lassen Sie 3 Fuß in der Mitte des Hauses für den Boden *frei*. Auf diese Wände, *vv*, legen Sie Bretter, *tu*, mit einer Breite von 4½ Zoll und einer Dicke von 3 Zoll, um die Pfosten, *tk*, einzustecken, die die Regale tragen. Diese Ständer sollten 3½ Zoll im Quadrat groß sein, einen Abstand von 4 Fuß 6 Zoll haben und oben an den Deckenbalken befestigt werden. Wenn die Ständer aufgestellt sind, befestigen Sie die Querträger, *inin*, die die Regale tragen sollen, *oo*, indem Sie jeweils ein Ende in die Ständer, *n*, und das andere in die Wände, *i*, einstechen. Die erste Gruppe von Trägern sollte 2 Fuß über dem Boden sein, und jede weitere Gruppe sollte 2 Fuß von der darunter liegenden Gruppe entfernt sein. Nachdem Sie auf diese Weise die Pfosten *tk* und die Träger *in* einer Höhe befestigt haben, die das Gebäude zulässt, beginnen Sie mit der Bildung der Regale *oo mit 1½ Zoll dicken Brettern. Achten Sie dabei darauf, ein Brett mit* einer Breite von 8 Zoll und 1 Zoll zu platzieren Zoll dick, an der Vorderseite jedes Regals, um die Vorderseite der Betten zu stützen. Befestigen Sie dieses Brett an den Außenständern, damit die Breite der Betten nicht verringert wird. Nachdem die Regale fertiggestellt sind, muss als nächstes der Bau des Rauchabzugs (*p* im Abschnitt) erfolgen, der am Ende des Hauses neben der Tür beginnen und parallel zu den Regalen über die gesamte Länge des Hauses verlaufen sollte kehren Sie zum Kamin zurück, wo der Schornstein gebaut werden soll; Die Seiten des Schornsteins im Inneren müssen die Höhe von vier flach verlegten Ziegeln und eine Breite von 6 Zoll haben, wodurch die Breite des Schornsteins von außen nach außen 15 Zoll beträgt und auf jeder Seite zwischen dem Schornstein ein Hohlraum *verbleibt* und die Wände, die sich unter den Regalen befinden, und eine, *xy*, in der Mitte, zwischen den Abzügen, 2 Zoll breit, um die Wärme von den Seiten der Abzüge in das Haus zu leiten." Die Einführung dieser Hausform durch Herrn Oldacre hat zu einer großen Verbesserung unserer Pilzkultur geführt. Das erste in England errichtete Haus dieser Art wurde in Shipley, in der Nähe von Derby, im Garten von EM Mundy, Esq., vom Vater von Herrn WP Ayres gebaut, dessen Name in diesem Werk häufig erwähnt wird. Dort wurden Ziegelbögen für die Regale geformt, und obwohl das

Haus vor mehr als einem halben Jahrhundert erbaut wurde, ist es immer noch in gutem Zustand.

Obwohl für die Regale im Allgemeinen Schiefer verwendet wird, ist die Verwendung von gusseisernen Gittern für diesen Zweck einen Versuch wert, da wir auf diese Weise Pilze sowohl von der Unter- als auch von der Oberseite des Beetes schneiden können.

KAPITEL II

DIE VORBEREITUNG DER MATERIALIEN USW.

BEVOR wir uns mit den verschiedenen Methoden der Pilzzucht befassen, wollen wir über die Vorbereitung des Materials sprechen. Da Stallmist nicht nur die Nährstoffe liefert, sondern auch den Boden bildet, in dem Pilze künstlich gezüchtet werden, und auch die Wärme liefert, die es uns ermöglicht, sie zu allen Jahreszeiten perfekt zu züchten, ist die Handhabung dieser Methode der bei weitem wichtigste Punkt im Zusammenhang mit ihrer Zucht. Sie ist sehr einfach, wird aber häufig, selbst von ausgezeichneten Gärtnern, als viel mühsamer und aufwändiger angesehen, als wirklich notwendig ist. So ist es beispielsweise in guten Gärten durchaus üblich, dass der Kot sorgfältig in einem Schuppen oder im Pilzhaus gesammelt und fast ebenso vorsichtig und sorgfältig umgegraben wird wie der Inhalt des Obstraums. Gute Pilze sind diese Mühe durchaus wert; da sie jedoch völlig unnötig ist, sollte sie nur in besonderen Fällen durchgeführt werden.

Um die Meinungsverschiedenheiten unter hervorragenden Pilzzüchtern hinsichtlich der Zubereitung des Düngers aufzuzeigen, werde ich einige unserer vertrauenswürdigsten Autoritäten zu diesem Thema zitieren. Mr. W. Early legt in „How to Grow Mushrooms" großen Wert darauf, wie wichtig es ist, den Mist in trockenem Zustand zu sammeln. „Möglichkeiten, ihn zu sichern und in einem offenen Schuppen oder an einem ähnlichen Ort unterzubringen, wo er wirksam vor Regen geschützt ist, sollten nach Möglichkeit genutzt werden. Während des Sammelvorgangs sollte an einem solchen Ort jeder Teil locker auf dem Boden verteilt werden, in mittelgroßen Rillen oder auf eine andere Weise, die Luft hineinlässt, um das Trocknen zu unterstützen. Er sollte auch täglich umgeschüttet oder gewendet und aufgelockert werden, bis eine ausreichende Menge für den sofortigen Gebrauch zusammengekommen ist."

Dies kann als Beispiel für die in diesem Land weit verbreitete Praxis angesehen werden. Glücklicherweise haben wir ausgezeichnete Pilzzüchter, die ohne all diese Mühe Erfolg haben, wie die folgenden Bemerkungen von Mr. J. Barnes zeigen: „In den letzten dreißig Jahren habe ich meine Beete vollständig auf dem Boden in Schuppen angelegt, indem ich den Stallmist hereinrollte, sobald er frisch aus dem Stall gebracht wurde, ein Viertel oder etwas mehr als ein Viertel guten, bröckeligen Lehms hinzufügte, beides gut miteinander vermischte, fest andrückte und es etwa eine Woche oder so unberührt stehen ließ. Nach Ablauf dieser Zeit graben wir es um, und wenn wir meinen, dass es zu stark gärt, fügen wir etwas mehr Erde hinzu und treten es dann fest an. Sehr bald ist das Beet bereit zum Laichen und wird mit ein paar Zoll Erde umhüllt; und auf diese Weise erhalten wir die besten

Pilzernten, wobei die Beete lange Zeit Früchte tragen. Wenn die Beete eine Zeit lang, sagen wir sechs bis zwölf Wochen, Früchte getragen haben und dann auszutrocknen beginnen und nicht mehr gut tragen, gießen wir sie gründlich mit sehr klarer Jauche aus Schaf-, Hirsch- oder Kuhmist, wodurch sie anscheinend wieder zum Tragen kommen, und dann gelingt es uns, einige der Beete viele Monate lang tragen zu lassen." Im *Field* vom 22. Dezember 1868 erklärte ich, dass der Dünger für die Pilzbeete in den Royal Gardens in Frogmore nicht auf komplizierte Weise hergestellt, sondern einfach von einem großen, im Hof gärenden Haufen genommen wird, alle durch die Hitze weiß gewordenen Teile mit Wasser befeuchtet und das Ganze mit etwa einem Viertel Lehm vermischt wird. Mr. Cuthill, ein Experte auf dem Gebiet der Pilzzucht, erklärt uns, wie die Londoner Gemüsegärtner mit ihrem Dünger auskommen. Wenn das Material aus den Londoner Ställen nach Hause gebracht wird, wird der kurze Teil herausgenommen und die lange Streu zum Abdecken und zum Formen der Innenseiten von Dämmen aufbewahrt; denn alle Pilzbeete im Freien werden zu Dämmen angelegt. Der Mist darf nicht erhitzt werden, bevor er in die Beete gegeben wird, wenn das vermieden werden kann; denn zuvor erhitztes Material bringt keine so schönen Pilze hervor. Je frischer der Pferdemist ist, desto länger hält die Ernte, und jeder Gärtner, der Beete mit ungeheiztem Mist anlegt, weiß, wie viel besser dieser als fermentierter Mist ist.

In seiner eigenen Praxis verließ sich Herr C. stark auf starkes Stampfen, um die Gärung zu unterdrücken, wenn der Mist frisch verwendet wurde. Die Franzosen, die große Pilzzüchter sind, lassen den Mist zuerst erhitzen, behandeln ihn aber sehr einfach. Sie bereiten ihn im Freien zu, entfernen zuerst alle Holzstücke oder andere Fremdstoffe, die möglicherweise darin vermischt waren, und legen ihn dann in zwei oder drei Meter dicke Beete, wobei sie ihn mit der Gabel festdrücken. Wenn dies geschehen ist, wird die Masse oder das Beet gut gestampft, dann gründlich gewässert und schließlich erneut durch Stampfen festgedrückt. Man lässt es acht oder zehn Tage in diesem Zustand, bis es zu gären begonnen hat. Danach sollte das Beet gut umgewendet und an derselben Stelle neu gemacht werden, wobei darauf geachtet wird, dass der Mist, der sich zuerst an den Rändern befand, beim Umwenden und Neumachen in die Mitte gelangt. Die Masse lässt man nun etwa weitere zehn Tage stehen, bis dahin ist der Mist in einem ungefähr geeigneten Zustand, um die Beete entweder im Freien oder in den Höhlen anzulegen. Manchmal wird er dreimal umgewendet, besonders wenn der Mist lang ist, und die Vorbereitung dauert insgesamt etwa sechs Wochen. Während die breiten Haufen von den Männern umgewendet werden, bleibt ein Wasserkarren daneben stehen, und alle Teile der Masse, die trocken und weiß von der Hitze sind, werden mit Wasser aus einem Rosengießtopf befeuchtet. Diese Vorbereitung verkürzt und erweicht das längere Material beträchtlich, vermischt die Masse gut, und sie wird in leicht zersetztem, gut vermischtem und feuchtem, aber nicht nassem Zustand in die Höhlen gebracht. Die Franzosen hämmern oder stampfen die Beete nicht wirklich fest, wie fast alle unsere Autoren über Pilzzucht empfehlen, sondern drücken sie ziemlich fest an; und ich habe auf ihren leichten, schwammigen Beeten ebenso gute Ernten gesehen wie auf denen, die so fest festgetrampelt wurden. Ich könnte noch weitere eindrucksvolle Beispiele für die Meinungsverschiedenheit zu diesem Thema anführen, aber es ist unnötig, sie zu vervielfältigen.

Meine Schlussfolgerungen hinsichtlich der Vorbereitung des Düngers für Pilze sind folgende: 1. Eine sehr sorgfältige Vorbereitung und häufiges Umsetzen des Düngers unter Abdeckung sind für den Erfolg nicht notwendig und es ist völlig unnötig, den Dünger unter Abdeckung vorzubereiten, außer wenn er in sehr kleinen Mengen gesammelt wird, so dass ihn starker Regen oder Schnee durchnässen würde. Wenn die Zucht jedoch in sehr kleinem Maßstab erfolgt und möglicherweise nur ein Beet angelegt wird, ist es am besten, ihn in einem überdachten Schuppen aufzubewahren. 2. Sorgfältig gesammelter Kot ist nicht unbedingt erforderlich, obwohl er praktischer sein kann. Ausgezeichnete Ernten werden aus Beeten erzielt, die mit normalem Stalldünger, Kot und langen Materialien, die nach Bedarf gemischt werden, angelegt wurden. Wenn der Dünger jedoch so verwendet wird, wie er aus dem Stall kommt, sollte er vor der Verwendung gären. 3. Die beste Art, Dünger für die allgemeine Pilzzucht in Innenräumen vorzubereiten, besteht darin, ihn an einem festen Ort zu sammeln und ihn seine starke Hitze verlieren zu lassen. Da er normalerweise auf unregelmäßige Weise gesammelt wird, können keine genauen Anweisungen zum Umsetzen gegeben werden. aber ich bin überzeugt, dass ein Umdrehen genügt, wenn er eine starke Hitze erreicht hat, und dann sollte er etwa eine Woche lang zusammengerührt werden, bis seine starke Hitze durch das Aufwirbeln und Wegräumen zum Anlegen des Beets oder der Beete ausreichend gedämpft ist. Wo große Mengen Stallmist in gärendem Zustand sind, sollte es keine großen Schwierigkeiten bereiten, jederzeit Material für die Anlegung eines Beets auszuwählen. Sollte er zu viel Hitze verbraucht haben, wäre es leicht, ihn mit etwas frischem Kot wiederzubeleben. 4. Dass Stallmist frisch verwendet werden kann, er sollte jedoch immer mit mehr als einem Viertel guter Lehmerde vermischt werden. Wenn dieser unter einer Abdeckung aufbewahrt oder so gestapelt wird, dass er in ziemlich trockenem Zustand zur Verfügung steht, umso besser, besonders wenn der frische Dünger usw. zu feucht sein sollte. Auf diese Weise angelegte Beete eignen sich am besten für kühle Schuppen und offene Gärten. 5. Dass eine Portion, sagen wir fast ein Fünftel bis ein Drittel, guten und ziemlich trockenen Lehms immer vorteilhaft mit dem Stallmist vermischt werden kann; Je frischer das Material, desto mehr Lehm sollte verwendet werden. In allen Fällen hilft es, das Beet zu verfestigen, und es ist wahrscheinlich, dass die Zugabe von Lehm die Fruchtbarkeit und Lebensdauer des Beets erhöht. 6. Eine Dicke von einem Fuß bis fünfzehn Zoll für die Beete in einem künstlich beheizten Haus ist völlig ausreichend. Achtzehn Zoll sind für Beete, die in Schuppen angelegt werden, nicht zu viel, obwohl ich in gewöhnlichen Schuppen mit undichten Seitenwänden auf Beeten mit nur einem Fuß Dicke hervorragende Ernten gesehen habe. Alle Beete, die in Innenräumen angelegt werden, sollten flach und festgetreten sein, obwohl das Fehlen von Festigkeit, wie manche meinen, nicht ausreicht, um den mangelnden Erfolg zu erklären.

Ich werde jetzt ein paar Worte von Herrn Ayres über andere Materialien zur Bildung von Pilzbeeten als Stallmist zitieren. Er hat diesem, wie fast jedem wichtigen Thema im Bereich des Gartenbaus, einige Aufmerksamkeit gewidmet. Zu nennen sind hier zunächst Sägespäne, die zum Einstreuen von Pferden oder für die Reitbahnen von Reitschulen verwendet wurden. Eine solche Substanz, gründlich mit Urin imprägniert und mit Pferdemist vermischt, bildet ein ausgezeichnetes Material für Pilzbeete, besonders wenn sie mit einem Viertel guten faserigen Lehms vermischt wird. Solche Materialien werden zusammengemischt und fermentiert und in ein Bett mit einer Dicke von 1 Fuß oder 18 Zoll geworfen, je nach der Temperatur des Schuppens, in dem das Bett hergestellt wird. Man wird feststellen, dass sie ein wichtiges Material für den Anbau dieser Speise bilden, insbesondere wenn sie sich zurückhält die Hitze für eine lange Zeit. Das Schlimmste daran ist, dass das Material fast wertlos ist, nachdem es seinen ersten Zweck erfüllt hat; und als Mist auf leichtem Land verwendet zu werden, ist eher schädlich als sonst. Dann können Sie Blätter und Lehm im Verhältnis von einem Teil des letzteren im Rasenzustand zu vier oder fünf gärenden Blättern verwenden. Diese können frisch von den Bäumen gesammelt werden und sollten vor der Zugabe des Lehms kräftig erhitzt werden. Nach einer Woche oder zehn Tagen Schwitzen können sie dann gewendet werden, wobei die Materialien gründlich miteinander vermischt werden, und dann die Masse kann zu einem Bett geformt werden. Ein Pilzbeet dieser Art sollte bei gründlicher Verfestigung nicht weniger als 15 Zoll dick sein; und wenn es so gehandhabt wird, wachsen dort genauso gut Pilze wie Mist. Der Kehricht unserer Straßen und Viehmärkte, insbesondere der Teile, die gepflastert sind und häufig von Pferden frequentiert werden – wie z. B. Kutschen usw. – liefert, wenn er trocken gesammelt und ein wenig fermentiert wird, wertvolles Material für Betten. Hier vom Viehmarkt haben wir den Mist von Pferden, Schafen und Kühen in fein verteiltem Zustand zusammengemischt, dessen Erhitzung sanft und gleichmäßig erfolgt. Material dieser Art, das an trockenen Tagen beschafft, ein- oder zweimal zur Gärung zusammengeworfen und dann zu gut verfestigten Beeten verarbeitet wird, ergibt Pilze von bester Qualität, die sehr lange haltbar sind. Es ist von größter Wichtigkeit, dass dieses Material in trockenem Zustand gesammelt wird, da der Schneematsch auf den Straßen natürlich überhaupt nicht genügen würde. Gleiche Anteile an Straßenkehricht und frischen Blättern, richtig fermentiert und mit Lehm vermischt, würden vielleicht so gutes Material für die Pilzzucht ergeben, wie benötigt wird. Für den Zweck, über den ich schreibe, eignet sich natürlich der Kehricht aus den Teilen der Stadt, in denen sich am meisten Pferde aufhalten.

Die Idee, dass sich Pilze nicht mehr vermehren, wenn der aktive Mist im Beet erschöpft ist, habe ich schon einmal diskutiert. In letzter Zeit wurden mehrere Experimente durchgeführt, die mich davon überzeugt haben, dass ich drei Portionen frisch gesammelter Blätter zu einer Portion Torflehm gebe und sie gut miteinander verarbeite, bis die Masse die gewünschte Temperatur erreicht, wobei ich sie, während die Wendearbeit voranschreitet, mit Flüssigkeit besprüht direkt aus den Ställen, und wenn man daraus ein Beet formt, das auf die übliche Weise behandelt wird, ergeben sich ebenso gute Pilze wie der beste Pferdemist der Welt. Es ist das Ammoniak, das für diese Ernte benötigt wird, mit sanfter Hitze. Sichern Sie sich diese beiden Dinge, und bei durchschnittlicher Sorgfalt ist der Erfolg sicher.

Bevor das Beet hergestellt wird, während das Material vorbereitet wird, sollten alle im Mist gefundenen Partikel von altem Holz, Zweigen usw. entfernt werden, ebenso wie alle Fremdstoffe, die sich als anstößig oder nutzlos erweisen könnten.

Die beste Zeit zum Anlegen von Pilzbeeten, die nicht regelmäßig in den Herbst- und Wintermonaten nacheinander angelegt werden, da sie dort stehen sollten, wo reichlich Material und ein gutes Pilzhaus vorhanden sind, ist im August und September In den frühen Herbstmonaten reicht die natürliche Hitze aus, damit der Laich ungehindert keimen kann, und die dann angelegten Beete sollten vor und bis Weihnachten und im Herbst frei gedeihen können.

Beim Bauen des Bettes ist vor allem darauf zu achten, dass das Material gleichmäßig verteilt wird. Es sollte gut gemischt und regelmäßig und fest verteilt werden, damit das Ganze eine ähnliche Struktur hat. Manche stampfen und klopfen ihre Betten stark, um ihnen Festigkeit zu verleihen; in Maßen ist dies von Vorteil; ein völlig gleichmäßiger Druck mit der Gabel, wenn die Gabel verwendet werden kann, und der Druck einer festen Erdung reichen aus; wenn Betten auf erhöhten Bänken in Kisten gebaut werden und an allen Stellen, an denen nur eine dünne Materialmasse verwendet wird und die Festigkeit nicht durch den allgemeinen Druck der Masse erreicht werden kann, muss eine Art Druck mit einem Holzhammer oder ähnlichem ausgeübt werden.

Nachdem die Laichbetten angelegt sind, kommen wir als nächstes zum Laichen und fragen zunächst: Was ist Laich?

KAPITEL III.

PILZBRUCH.

ALS erstes müssen wir feststellen: Was ist Spawn? Im Allgemeinen wird angenommen, dass der Laich, oder was in der wissenschaftlichen Sprache *Myzel* genannt wird , dem Samen entspricht, während es sich in Wirklichkeit um das handelt, was man die Vegetation der Pflanze oder etwas Analoges zu den Wurzeln, Stängeln und Blättern gewöhnlicher Pflanzen nennen könnte , wobei der sichtbare Teil oder Stiel, Kopf und Kiemen des Pilzes tatsächlich die Fruchtbildung darstellt, wenn auch in einem so offensichtlichen Übergewicht gegenüber den anderen Teilen. Kenntnisse über die Anatomie und die Lebensgeschichte des Pilzes sind für den Züchter nicht erforderlich und nicht einmal denjenigen geläufig, die sich mit Pilzen befassen. Wir wissen, dass die Kiemen lediglich Oberflächen sind, auf denen Keime oder Sporen entstehen. Die Membran, die die Sporenplatten eines einzelnen Pilzes bedeckt, würde, wenn sie ausgebreitet wäre, einen großen Raum bedecken, und die Sporen werden in Myriaden gezählt. Wir können sie unter dem Mikroskop deutlich erkennen – wir können sehen, auf welche Weise sie auf den Kiemen sitzen und an ihnen befestigt sind; sondern von der Geschichte ihres Lebens, von dem Zeitpunkt an, als sie von der Oberfläche fielen, auf der sie geboren wurden, bis der „junge Pilz" oder Blütenstand kräftig aus der Masse empfindlicher Vegetation emporsteigt, die sie in der Erde hervorgebracht haben oder verrotten Mist, wir wissen nichts. Die Vorbereitung des Pilzbruts und die anschließende Handhabung im Pilzbeet sind jedoch die Angelegenheiten, die uns wirklich beschäftigen.

Wie wird zunächst Spawn gewonnen? Man findet es in natürlichem Zustand in halbverwesten Misthaufen, an Orten, an denen sich Pferdeäpfel angesammelt und trocken gehalten haben, in Reitschulen, Ställen, zu denen Pferde schon lange Zugang haben, in überdachten „Mühlenwegen", auf Weiden, in teilweise verfallenen Brutstätten usw. und selten oder nie in sehr feuchten oder gesättigten Materialien. Dieser Laich, der in diesem Land manchmal als „natürlich" und von den Franzosen als „jungfräulicher Laich" bezeichnet wird, ist der Beste, der erhältlich ist, und sollte überall dort, wo er zu finden ist, bevorzugt verwendet werden. Um es zu verwenden, muss lediglich das von der Weißbrut durchdrungene Material in Stücke von einigen Zentimetern im Quadrat, sagen wir mal einen Zentimeter oder mehr, geteilt werden. Sie zerfallen natürlich unregelmäßig, aber es sollten alle verwendet werden, egal ob sie die Größe einer Bohne oder fast die Größe einer offenen Hand haben. Anschließend werden sie wie üblich in die Oberfläche der Pilzbeete eingebracht.

In fast jedem ländlichen Ort und in zahlreichen Vororten, ja in den meisten Orten, wo Pferde gehalten werden, gibt es Möglichkeiten, diesen Laich zu finden. Seine weißen, fadenförmigen und flaumigen Fäden riechen nach Pilzen, und der Laich ist daher sehr leicht zu erkennen. Es sollte allgemein bekannt sein, dass er nicht verwendet werden muss, wenn er gefunden wird, sondern getrocknet und für den Gebrauch an einem trockenen Ort jahrelang aufbewahrt werden kann, und es ist bekannt, dass er bis zu vierzehn Jahre haltbar ist. Man darf nicht annehmen, dass nur die weiter unten beschriebenen harten Ziegel so haltbar sind. Der französische Laich ist ein viel lockereres und leichteres Material als das, in dem wir *Myzel normalerweise* in natürlichem Zustand finden, und er hält genauso lange wie unserer. Um den in natürlichem Zustand gefundenen Laich aufzubewahren, ist nichts weiter erforderlich, als die Teile des Mists, in dem er gefunden wird, sorgfältig aufzunehmen, sie nicht mehr als nötig zu zerkleinern und sowohl große als auch kleine Stücke lose in grobe, flache Körbe zu legen. Diese sollten auf einem trockenen, luftigen Dachboden oder in einem Schuppen vollständig getrocknet werden. Danach sollten sie in robusten Kisten verpackt an einem vollkommen trockenen Ort aufbewahrt werden, bis sie verwendet werden.

Abb. 11. Ziegelpilz-Myzel.

Da aber in diesem Land derzeit an jedem Ort nur wenig Pilzmyzel benötigt wird, besteht die Regel darin, künstliches Myzel in Form von harten Ziegeln zu beschaffen. Dieses Myzel wird aus Pferdemist und etwas Kuhmist und Straßenabfällen hergestellt, die in einem Schuppen zu einer mörtelartigen Konsistenz zerstoßen und dann zu Ziegeln geformt werden, die je nach Hersteller leicht in der Form variieren, aber normalerweise dünner und breiter sind als gewöhnliche Bauziegel. Es gibt verschiedene Rezepte zum Mischen der Materialien für die Ziegel, und darunter sind die folgenden ungefähr die besten: 1. Pferdemist als Hauptteil, Kuhmist ein Viertel und der Rest Lehm. 2. Frischer Pferdemist gemischt mit Kurzstreu als größter Teil, Kuhmist ein Drittel und der Rest Schimmel oder Lehm. 3. Pferdemist, Kuhmist und Lehm zu gleichen Teilen. Diese Ziegel werden an einem trockenen, luftigen Ort platziert, und wenn sie halb trocken sind, wird in die Mitte jedes Ziegels ein wenig Myzel, etwa so groß wie eine Haselnuss, gegeben; oder manchmal, wenn die Ziegel so breit wie lang sind, wird ein Partikel in die Nähe jeder Ecke gelegt, knapp unter die Oberfläche geschoben und mit der Zusammensetzung verputzt, aus der die Ziegel gemacht sind. Wenn die Ziegel fast trocken sind, werden sie in einem Schuppen oder an einem trockenen Ort auf ein etwa 30 cm dickes Heizbett gelegt. Darauf werden die Ziegel gestapelt oder eher offen und locker platziert und mit Streu bedeckt, so dass die Wärme gleichmäßig zwischen ihnen zirkulieren kann. Die Temperatur sollte nicht um mehr als ein oder zwei Grad über 60 Grad steigen; falls doch, kann sie leicht durch Verringern oder Entfernen der Streuschicht geändert werden. Die Hersteller untersuchen die Ziegel während des Prozesses häufig, und wenn sich herausstellt, dass sich die Brut wie ein feiner weißer Schimmel im ganzen Ziegel ausgebreitet hat, wird sie entfernt und für die spätere Verwendung an einem dunklen, trockenen Ort trocknen gelassen. Wenn er über das Stadium des feinen weißen Schimmels hinauswächst und Fäden und Knollen in den Ziegeln bildet, hat er einen höheren Entwicklungsstand erreicht, als es mit der Erhaltung seiner vegetativen Kräfte vereinbar ist, und sollte daher im Stadium des feinen Schimmels aus dem Beet entfernt werden. Dies ist die Art von Pilzmyzel, die in unseren Gärten am häufigsten verwendet wird, und sie hat normalerweise eine sehr harte Beschaffenheit.

Abb. 12. Mühlenspur-Pilzbrut.

In einigen Gärten wird eine Art Pilzbrut verwendet, der Mühlenweg-Pilzbrut genannt wird und auf einfachere Weise hergestellt wird als die oben genannten. Es scheint einfach nur Laich zu sein, der sich durch den gründlich vermischten Kot eines Mühlenwegs ausgebreitet hat. Das Material ist eher weich und hat eine lockere Textur, wird normalerweise in großen und etwas unregelmäßigen Klumpen verkauft und wird von einigen Landwirten häufig verwendet.

Abb. 13. Pariser Pilzbrut.

Schließlich haben wir den französischen Pilzmyzel, der sich von unserem unterscheidet, indem er nicht in Ziegeln oder festen Klumpen vorliegt, sondern in ziemlich leichten Massen aus kaum halb zersetztem, verhältnismäßig lockerem und trockenem Streu. Dieser Myzel wird gewonnen, indem man wie für Pilze auf die übliche Weise ein kleines Bett vorbereitet und es mit Stückchen jungfräulichen Myzels, wenn dieser erhältlich ist, bebrütet; und wenn sich das Myzel darin ausgebreitet hat, wird das Bett aufgebrochen und als Brutbett in Höhlen verwendet oder getrocknet und für den Verkauf konserviert. Er wird in kleinen Schachteln verkauft und ist zum Einführen geeignet, wenn man ihn in ziemlich dünne Stücke zerteilt, etwa halb so groß wie die offene Hand; aber beim Zerteilen teilt er sich in viele Stücke aller Größen, von denen jedes Teilchen verwendet werden sollte. Die kleinen Teilchen sollten über das Bett gestreut werden, nachdem die größeren Stücke hineingegeben wurden. Dies gilt auch für die anderen Arten. Aufgrund der offenporigen Beschaffenheit des französischen Pilzmyzels wird es wahrscheinlich sofort von der Wärme und Feuchtigkeit des angenehm warmen Mists, der das Pilzbett bildet, beeinflusst und bietet schon allein aus diesem Grund einige Vorteile. Es wurde vor kurzem zum ersten Mal eingeführt und wird wahrscheinlich bald von vielen Züchtern getestet.

Auf Brut im üblichen Sinne des Wortes kann verzichtet werden, indem man Dung, Lehm und alte Pilzbeete oder Lauberde, die Spuren von Brut enthält, gut vermischt und diese im Pilzhaus zu etwa 30 cm dicken Beeten anlegt und mit Erde bedeckt, ohne dass weitere Brut entsteht. Allerdings ist diese Methode nicht so einfach oder vorteilhaft wie die üblicherweise angewandte.

Es besteht keine Notwendigkeit, künstliches Myzel zu kaufen, wenn regelmäßig Pilze angebaut werden. Und es besteht auch keine Notwendigkeit, außer zu Beginn oder um zu verhindern, dass das eigene Myzel sich als schlecht erweist. Um gutes Myzel zu erhalten, müssen wir nur tun, was die französischen Züchter tun: Nehmen Sie einen Teil eines Beets, der vollständig mit Myzel durchdrungen ist und bevor es anfängt, Früchte zu tragen, und bewahren Sie ihn für die zukünftige Verwendung auf.

Wenn zusätzlich zu den guten Ernten, die die Pariser Züchter ernten, noch ein Beweis für die Wirksamkeit dieser Art von Brut nötig wäre, so wäre dieser in der folgenden Aussage von Herrn Ayres zu finden:

„Vor kurzem wurde auf die hervorragende Qualität des französischen Pilzmyzels aufmerksam, und als natürliche Folge importierten mehrere Londoner Samenhändler es zum Verkauf. Vor einigen Monaten erwarb ich einen Stall und wollte darin Pilze züchten. Ich besorgte mir ein paar Tonnen Pferdemist, genau wie er aus der Mistgrube der Hotelställe kam. Er war sehr feucht und erhitzte sich daher heftig, wenn man ihn zusammenwarf. Durch häufiges Umgraben während einer Woche oder zehn Tagen wurde diese Tendenz jedoch verringert, und dann wurden fünf Beete daraus gemacht, wobei ein Viertel vollkommen trockener Erde aus einem Gurkenhaus hinzugefügt wurde. Ich sage vollkommen trocken, weil die Erde fünfzehn oder achtzehn Monate im Haus gelegen hatte, ohne einen Tropfen Wasser abbekommen zu haben, und daher fast als vollkommen trocken betrachtet werden kann. Innig mit dem gärenden Mist vermischt, hatte er die gewünschte Tendenz – nämlich die übermäßige Feuchtigkeit zu unterdrücken und das Beet, nachdem es eine Woche lang gemacht worden war, auf die Temperatur zu bringen, die für die Aufnahme des Myzels erforderlich war.

„Ich hatte großes Vertrauen in die guten Eigenschaften von frischem Lehm von einer alten Weide für die Produktion von Pilzen höchster Qualität und ließ eine Menge trocknen und erwärmen. Ich ließ eine drei Zoll dicke Schicht über jedes Beet legen und dann vorsichtig einarbeiten, wobei ich darauf achtete, Erde und Mist so gut wie möglich zu vermischen. Nachdem die Betten wieder zusammengezogen und einige Tage stehen gelassen wurden, erlangten sie die nötige Wärme; dann waren sie ganz fest und zum Laichen bereit.

„Zu diesem Zweck hatte ich zwei Kisten mit französischem Laich von den Herren Barr und Sugden aus Covent Garden besorgt. Es war ein leichtes, lockeres, flockiges, häckseliges Zeug und so trocken, dass ich befürchtete, dass seine Wachstumskraft nicht ausgetrocknet war. Aber die Brut war für ein Experiment gekauft worden, und deshalb musste das Experiment durchgeführt werden.

„Ungefähr zwei Zoll des Materials wurden von der Oberfläche jedes Beetes geharkt und Stücke des flockigen Laichs wurden in einem Abstand von etwa zehn Zoll oder einem Fuß über die Beete verteilt; Die feinen Laichportionen wurden dann über die Beete gestreut, mit dem Spatenrücken fest abgeklopft, dann wurde das Oberflächenmaterial zurückgebracht und das Ganze so fest wie möglich gemacht. Nebenbei ist es vielleicht nicht unangebracht, darauf hinzuweisen, dass das Laichen auf diese Weise vom Zustand des Bodenmaterials geleitet oder vielmehr gesteuert werden muss. Wenn es nicht ausreichend gekühlt ist, ist es sicherer, auf die übliche Weise Löcher für den Laich zu bohren; aber wenn man sich in einem fitten Zustand befindet, dann halte ich das Laichen und Erden im Broadcast, wie zuvor beschrieben, für den besten Plan. Nachdem der gestörte Teil der Beete seine Wärme wiedererlangt hatte und keine Gefahr einer *Überhitzung bestand* , wurden die Beete sofort fünf Zentimeter dick mit frischem Lehm geerdet, ganz fest gestampft und dann mit einer dünnen Schicht trockenem Heu bedeckt.

„Da ich meine Pilzchancen nicht ganz dem neuen Material, dem französischen Myzel, überlassen wollte, wurden zwei Beete gleichzeitig und auf die gleiche Weise mit einheimischem Myzel gezüchtet. Aufgrund der Größe des Stalls und des ungewöhnlich kalten, schneidenden Wetters am Ende des Jahres (1869) verloren die Beete so viel Wärme, dass ich einige Bedenken hatte, ob sie sich nicht als Fehlschlag erweisen würden; als ich jedoch später feststellte, dass das Myzel funktionierte, besprühte ich jedes Beet (dessen Oberfläche ziemlich trocken war) gründlich mit 80 Grad warmem Wasser, bedeckte es mit sauberen, trockenen Matten und gab dann das Heu zurück. Die Beete sind jetzt eine Schicht der ‚Perle der Felder‘, einige der Flecken sind so groß wie eine Käseplatte, und das Ganze ist in einem vielversprechenden Zustand – so vielversprechend, dass sie bei entsprechender Pflege zweifellos viele Monate lang einen guten Vorrat an Pilzen liefern werden. Um diesen kontinuierlichen Ertrag zu gewährleisten, sollte man nicht an Stallmist, Wasser und Salz zu den richtigen Zeiten sparen; Sobald die erste Ernte vorbei ist, können die Beete gründlich mit Düngerwasser bei einer Temperatur von mindestens 80 Grad getränkt, mit frischer Erde aufgeschüttet und mit Matten und Heu bedeckt werden. Auf diese Weise erhalten wir immer eine zweite Ernte, die der ersten kaum unterlegen und manchmal sogar viel besser ist."

KAPITEL IV.

LAICHEN UND NACHBEHANDLUNG.

Wärme und Schutz.

DIE Temperatur des Materials der Beete sollte zur Laichzeit niemals 80 Grad Fahrenheit überschreiten – etwa 70 Grad ist die geeignetste Regeltemperatur; und die Temperatur des Pilzhauses sollte zwischen 50 und 60 Grad liegen – nicht unter 50 Grad. Unter der Annahme, dass das Material nach dem Erhitzen einmal gewendet und vor der Herstellung der Beete erneut aufgewirbelt wurde, sollte es zehn bis zwölf Tage nach der Zusammenstellung in einem laichfähigen Zustand sein. Es muss kaum erwähnt werden, dass diese Regelmäßigkeit der Temperatur nur in richtig gebauten Pilzhäusern gewährleistet werden kann. Wo Pilze in solchen Häusern mit doppelten Decken und dicht schließenden Fensterläden und Türen gezüchtet werden, die fast unempfindlich gegen äußere Einflüsse sind, und wo von Zeit zu Zeit frische Beete hergestellt werden, ist wenig oder keine künstliche Wärme aus Rohren erforderlich, obwohl es gut ist, im Falle ungewöhnlich rauen Wetters oder einer Unterbrechung der Beetfolge, die einen Wärmemangel durch gärende Materialien verursachen würde, etwas davon zur Verfügung zu haben. Eine Abdeckung aus Heu oder trockener Streu ist für Beete im Freien und auch für Beete in kühlen, halboffenen Schuppen erforderlich; jedoch nicht für Beete in regelmäßig beheizten Pilzhäusern oder Höhlen, in denen eine ruhige, gleichmäßige Temperatur herrscht. Sie sollte etwa einen Fuß dick sein und sofort entfernt werden, wenn sie nass oder schimmelig wird. Diese Abdeckung sollte immer dann angebracht werden, wenn die Temperatur des Beets zu fallen beginnt. Sie sollte nicht in Fällen verwendet werden, in denen die Temperatur es erlaubt, darauf zu verzichten, da sie lästig ist und manchmal Insekten anlockt. Die Wärme eines Beets kann verringert werden, indem man hier und da mit einem dicken, spitzen Pflanzholz 15 bis 20 cm tiefe Löcher bohrt, aber dies ist nur in Ausnahmefällen ratsam und es ist wünschenswert, das Ammoniak und die Wärme des Beets zu dämmen. Das Anhäufeln und Festigen eines Beets neigt dazu, die Wärme darin zu dämpfen. Wo große, schräge Beete, sagen wir drei Fuß tief an der Rückseite, an der Wand angelegt werden, habe ich Λ-förmige Kisten gesehen, die im Abstand von sechs Fuß darunter gestellt wurden, um sie mit frischem Dünger zu erwärmen. Es handelt sich jedoch um eine Methode, die kaum Anspruch auf allgemeine Anwendung hat. Es ist am besten, sich nicht wie üblich auf die Hand zu verlassen, um die Wärme der Beete zu bestimmen. Es werden Thermometer verkauft, die an Stäben von passender Größe befestigt sind, um sie in die Beete zu stecken, und sie machen jede Unklarheit in dieser Hinsicht überflüssig.

Streuabdeckungen sind manchmal nützlich, um die Wärme in einem Beet zu erhöhen, das etwas ausgekühlt ist.

Laichen.

Dies ist die Phase der Kultur, die die meiste Aufmerksamkeit erfordert, denn wenn die Brut regelmäßig durch das Beet läuft, ist eine gute Ernte fast sicher. In dieser Hinsicht scheinen die Meinungen der Pilzzüchter nicht so weit auseinander zu gehen. Manche brühen tatsächlich sofort nach der Herstellung des Beets, aber außer wenn die Materialien nicht über 80 Grad erhitzt werden, ist dies eine unsichere oder, mit anderen Worten, schlechte Praxis.

Wichtig ist, festzustellen, ob sich der Pilzbrut richtig im Beet ausbreitet. Normalerweise wird das Beet sofort oder sehr bald nach dem Laichen angehäufelt, und nicht wenige kümmern sich nicht weiter um das Beet oder die Beete, bis die Zeit gekommen ist, in der die Pilze erscheinen sollten. Ein besserer Plan ist, das Beet erst dann endgültig anzuhäufeln, wenn man sieht, dass der Pilzbrut beginnt, seine weißen Fäden durch die Masse zu verteilen. Sollte dies acht oder zehn Tage nach dem Laichen nicht geschehen – wenn die Bedingungen günstig sind –, ist es besser, frischen Pilzbrut einzubringen oder das Beet neu zu machen und frisches Material hinzuzufügen, wenn sich herausstellt, dass dies aufgrund zu großer Kälte nicht gelingt. Wenn die Leute im Allgemeinen sehen würden, ob der Pilzbrut „aufgegangen" ist, anstatt viele Wochen zu warten, ohne zu wissen, ob dies der Fall ist oder nicht, gäbe es weniger Enttäuschungen bei der Pilzzucht.

Die gewöhnlichen Laichsteine sollten in Stücke gebrochen werden, etwa in der Größe von Walnüssen bis hin zu Eiern; Sie zerfallen nicht in regelmäßige Portionen. Der Laich in der natürlicheren Form, in der wir ihn aus den alten Beeten beziehen und in der er von den Franzosen verwendet wird, ist ohne weitere Manipulation bereit, in den Beet eingesetzt zu werden. Ich glaube, dass sich diese Art von Laich schneller in den Beeten ausbreitet als unser eigener Ziegellaich und insgesamt viel begehrenswerter ist. Da es normalerweise sehr trocken ist, empfiehlt es sich, einige Tage vor dem Laichen etwas davon in das Pilzhaus zu legen, damit es Feuchtigkeit aufnehmen kann. Ein dunkler Ort in einem warmen Haus oder eine sanfte Brutstätte wäre auch geeignet, aber auf keinen Fall mehr als drei Tage vor der Laichzeit. Beim Laichen kann dies vorteilhafterweise mit einigen vermischt sein, die diesen Prozess nicht durchlaufen haben. Ein Scheffel gewöhnlicher Ziegelbrut reicht aus, um etwa 100 Quadratmeter zu laichen. Sämtlicher Laich sollte nahe der Oberfläche eingebracht und einfach in den Materialien vergraben werden, aus denen das Bett besteht. Die dünnen Laichflocken, die die Franzosen verwenden und die normalerweise fast die Länge und Breite der offenen Hand haben, werden im Allgemeinen von der Kante oder in einer nach oben gerichteten Richtung in das Bett eingeführt, so dass, während eine Kante des Stücks drei darin vergräbt oder zehn Zentimeter im Bett, der andere ist zu sehen, wie er durch die Oberfläche schaut. Dadurch ist jede Laichflocke einem leichten Temperaturunterschied ausgesetzt und nimmt schnell und gut auf, da sie dünn und schwammig genug ist, um sofort von der feuchten Wärme der Beete durchtränkt zu werden. Zu einer bestimmten Art des Einsetzens des Spawns muss wenig gesagt werden; Wenn das Bett so stark geschlagen wird, wie viele empfehlen und was meiner Meinung nach überhaupt nicht notwendig ist, wird ein Dibber erforderlich sein, um den Laich einzuschleusen; Ist dies nicht der Fall, kann es problemlos mit einer Kelle oder mit der Hand eingebracht werden. Es empfiehlt sich, eine Mischung aus zwei Brutarten zu verwenden.

Boden.

Was die Art des Erdreichs anbelangt, so ist diese nicht annähernd so wichtig, wie allgemein angenommen wird; fast jeder Boden reicht aus; Aber diejenigen, die haufenweise guten, frischen Lehm für Gartenzwecke vorlegen, werden es vorziehen, eine Schicht davon zu verwenden. Ich glaube, dass jede gewöhnliche Gartenerde ausreichen würde, und bin sicher, dass es ein Fehler ist, sich auch nur die geringste Mühe zu machen, eine bestimmte Art von Erde aus der Ferne zu beschaffen. Die Beete in den Höhlen rund um Paris sind mit einer weißen, kittartigen Substanz bedeckt, die ausreichen würde, um die Nerven jedes britischen Pilzzüchters zu erschüttern, der an seine Schichten aus weichem Lehm gewöhnt ist. Dabei wird einfach der feine Schutt vom Steinbruch angefeuchtet und glatt und fest über die Beete gepresst. Wenn wir dies an einem kaputten Beet sehen würden, würden wir es mit Sicherheit auf den „Stoff" zurückführen, mit dem das Beet bedeckt war, obwohl es unmöglich wäre, feinere Ernten als diese kleinen Beete zu finden. Ich beschäftige mich mit diesem Thema, damit Misserfolge auf ihre wahren Ursachen zurückgeführt werden können und nicht auf Dinge zurückgeführt werden können, die tatsächlich nur einen geringen Einfluss haben. Die letzte Abdeckung aus 2,5 bis 5 cm Lehm oder anderem Boden sollte erst aufgetragen werden, wenn sich der Laich im Beet ausgebreitet hat. Eine sehr dünne Schicht trockenen Lehms kann jedoch vorteilhaft unmittelbar nach dem Laichen aufgetragen werden. da es dazu dient, die Temperatur der Oberfläche gleichmäßiger zu machen. Es ist ein Fehler anzunehmen, dass eine tiefe Abdeckung von Vorteil sei. Die endgültige Erdung sollte aus ausreichend feuchtem oder angefeuchtetem Boden bestehen, damit er in eine feste Oberfläche gedrückt werden kann. Sofern es jedoch nicht besonders trocken ist, reicht ein einfacher Spritzer Wasser aus.

Bewässerung.

Da die Materialien von Pilzbeeten im Allgemeinen feucht sind und in den Strukturen, in denen sie normalerweise wachsen, nur wenig Verdunstung stattfinden kann, ist Wasser selten notwendig und sollte erst angewendet werden, wenn die Oberfläche des Beetes und des Bodens wirklich trocken sind. Es sollte dann reichlich gegeben werden, so dass das Bett gut durchfeuchtet ist, und es sollte weiches, auf eine Temperatur von 80 Grad erhitztes Wasser sein, das mit einer feinen Rose aufgetragen und gleichmäßig und geduldig gleichmäßig auf die gesamte Oberfläche des Bettes aufgetragen wird. Bewässerungen, die lediglich die Oberfläche benetzen und die Ritzen oder unteren Teile des Beetes durchnässen, nützen nichts. Wenn eine Durchnässung nicht ausreicht, um das Bett richtig zu befeuchten, sollte eine weitere gegeben werden. Die flache Beetform lässt sich natürlich viel leichter bewässern und eignet sich insgesamt am besten für überdachte Beete. Die Lage der Betten hat großen Einfluss auf die Wassermenge, die sie benötigen, so dass es fast unmöglich ist, genaue Anweisungen zu dieser Höhe zu geben; aber ich kann mir kaum einen Fall vorstellen, in dem dies vor sechs oder acht Wochen nach der Bildung eines Beetes notwendig sein wird, und ich habe schöne Ernten geerntet, ohne dass eine einzige Bewässerung gegeben worden wäre. Bei der Bewässerung alter Beete erweist sich eine Unze Guano pro Gallone Wasser als vorteilhaft.

Ungeziefer in Pilzbeeten.

Asseln sind die größten Schädlinge, die der Pilzzüchter beseitigen muss, und die effektivste Methode, sie loszuwerden, ist, sie mit kochendem Wasser zu vernichten. Da die Oberfläche des Beetes fest und mit glatter, fester Erde bedeckt ist, ist der einzige wahrscheinliche Ort, an dem diese Geschöpfe die Zwischenräume haben, in die sie sich normalerweise zurückziehen, wenn sie gestört werden oder wenn sie nicht damit beschäftigt sind, den Kopf jedes kleinen Pilzes zu fressen, der sich ihnen bietet, rund um das Beet Kanten des Bettes und in dem Schlitz, der häufig zwischen dem Bett und der Wand oder den Seiten der Regale entsteht, die das Bett tragen. Dort sind sie wahrscheinlich in großer Zahl anzutreffen und können durch das Übergießen des gesamten Risses mit kochendem Wasser vollständig zerstört werden. Wenn die Betten mit Heu oder Einstreu bedeckt sind, muss dieses entfernt werden, damit die Tiere Zeit haben, sich in ihre Verstecke zurückzuziehen. und wenn die Beete in einer Position angelegt werden, die es den Asseln ermöglicht, sich an anderen Orten als den sie umgebenden Zwischenräumen zu verstecken, sollten diese Orte aufgesucht und markiert werden und gleichzeitig eine kräftige Dosis kochendes Wasser erhalten. Da es sich nicht um Pilze handelt, sondern um Lebewesen, die uns in ihrer Liebe zu Pilzen Konkurrenz machen, bedarf es wohl nicht der Bemerkung, dass das kochende Wasser auf keinen Fall auf die Oberfläche des Beetes aufgetragen werden darf. Wenn sich auf der Oberfläche alter oder trockener Beete oder solcher, aus denen viele Pilze geschnitten oder gezogen wurden, lose Mulden oder Spalten befinden, in denen die Asseln Unterschlupf finden können, sollten diese gesucht, von Ungeziefer befreit und eingeebnet werden aufgestellt und fest gemacht, so dass der Feind keine Stellung einnehmen kann, in der wir ihn nicht angreifen können. Sollte dieser Plan scheitern, werden die Schädlinge mit einer halben Unze Bleizucker, gemischt mit einer Handvoll Haferflocken und in den Spuren verteilt, schnell vernichtet.

Die kleine Milbe ist bei hohen Temperaturen am zerstörerischsten, und im Sommer, sagt Mr. Cuthill, brütet „die Made" nicht in einem Haus, in dem die Temperatur 60 Grad nicht übersteigt, und es ist heiß, trocken und halbjährlich. In vernachlässigten Häusern ist dieser Schädling meist im Sommer anzutreffen. Zu dieser Jahreszeit besteht kaum Bedarf, Pilze in Innenräumen zu züchten, und wie sie sonst in großer Menge produziert werden könnten, wird weiter unten erläutert. Auch das Eindringen von Ratten sollte verhindert werden.

Pilzbeete kommen etwa sechs Wochen nach dem Laichen zum Tragen und bleiben zwei bis fünf Monate im Lager, je nach der Position, in der sie angelegt werden, und der ihnen gewidmeten Aufmerksamkeit.

Behandlung alter Betten.

Zu den kontinuierlichen Ertragseigenschaften eines Pilzbeets muss noch etwas gesagt werden. Es mag lächerlich klingen, zu behaupten, dass eine Pflanze, die auf einem Mistbeet wächst, aufgrund von Mangel an Dünger eingeht. Doch dies ist buchstäblich und definitiv die Tatsache. Beete werden abgenutzt, die Erträge klein und dürr, und wir beseitigen sie sofort und legen neue an. Stattdessen tränken wir das Beet gründlich mit Stallurin und Wasser bei einer Temperatur von 80 Grad, wobei wir den Urin im Verhältnis von einem Teil zu fünf weichem Wasser verwenden und zu jeder Kanne ein Weinglas Salz hinzufügen; dann bedecken wir das Beet mit frischem Rasen, bedecken es mit Matten, um die Erwärmung zu fördern, und es kann eine zweite Ernte erzielt werden, die so gut ist wie die erste. In dieser Angelegenheit spreche ich aus Erfahrung, und Mr. Ingram in Belvoir hat seit vielen Jahren denselben Plan mit dem zufriedenstellendsten Ergebnis befolgt.

Einbringen der Ernte.

Zusammenkünfte sollten häufig stattfinden, insbesondere dort, wo die Kultur in großem Umfang gepflegt wird. Bei mehreren Lagerbeeten sollten die Pilze jeden Morgen gesammelt werden. In jedem Fall sollten sie herausgezogen oder herausgedreht und niemals herausgeschnitten werden, damit verwesende Stümpfe in den Beeten zurückbleiben. Die durch das Herausziehen der Pilze entstandenen Löcher sollten mit etwas feinem Lehm gefüllt werden, wovon ein kleiner Haufen zu diesem Zweck im Haus aufbewahrt werden kann.

Das Haus reinigen.

Ein Wort zur Notwendigkeit einer gründlichen jährlichen Reinigung des Pilzhauses. Die Tatsache, dass die französischen Höhlenzüchter es für notwendig erachten, von Höhle zu Höhle zu wechseln, und feststellen, dass nach einer gewissen Zeit der Nutzung einer Höhle keine Pilze mehr darin wachsen, sollte in dieser Hinsicht als Vorsichtsmaßnahme dienen. Im Sommer, wenn es nicht notwendig ist, die Zucht im Haus zu versuchen, sollte das Haus gründlich gereinigt, mit Kalkweiß gestrichen, jede Oberfläche abgekratzt und gewaschen und das Haus frei geöffnet werden, um es gründlich zu reinigen.

KAPITEL V.

KULTUR IN SCHUPPEN, KELLEREN, BÖGEN, NEBENGEBÄUDEN UND ALLEN GESCHLOSSENEN GEBÄUDEN MIT AUSNAHME DES PILZHAUSES.

PILZE können und werden in vielen weniger anspruchsvollen Bauten als dem eigentlichen Pilzhaus perfekt gezüchtet. Jede Art von Nebengebäude ist für die Herbst- und Frühwinterernte geeignet. Eine der besten Ernten, die ich je gesehen habe, wurde in einem trockenen und unbenutzten Kutschenhaus angebaut. Mr. Robert Fish baut alle seine Pflanzen in einem langen, niedrigen, einfachen, nach vorne offenen Schuppen mit Strohdach an – die Beete sind flach, in einer durchgehenden Linie an einer Wand und von einem niedrigen Brett umschlossen. Mr. Cuthill, der über Pilze schrieb und sie früher sehr gut züchtete, züchtete seine in einfachen Schuppen an Wänden. Es spielt keine Rolle, ob der Schuppen offen oder hier und da belüftet ist, insbesondere für Herbsternten, da ich in niedrigen Nebengebäuden, die von jedem Windstoß durchsucht und nicht durch Schornsteine beheizt wurden, wunderbare Ernten gesehen habe. Die Beete in diesen sollten immer mit Heu bedeckt sein. Pilze können in Kellern angebaut werden; aber da Keller normalerweise unter Häusern liegen, sind sie nicht gerade die Orte, an die die Leute gerne die Materialien bringen, die sie zum Anlegen von Pilzbeeten benötigen. Wo sie außerhalb eines Wohnhauses vorkommen, ist dieser Einwand nicht gültig. In einigen Fällen kann er umgangen werden, indem man die Beete in groben Kisten anlegt, etwa 3½ Fuß lang und 1½ Fuß breit, und sie anschließend in den Keller bringt. Eisenbahn- oder andere Bögen oder andere trockene und leere Strukturen können zum Pilzanbau verwendet werden.

„Der Bau effizienter Pilzhäuser", sagt Mr. William Ingram aus Belvoir in einem Brief an das *Field*, „wird von den meisten unserer Treibhausbauer und Gärtner hinreichend verstanden; aber die wirtschaftliche Anpassung bereits vorhandener Orte ist eine Angelegenheit, die mit größtem Vorteil diskutiert werden kann, da es Hunderte von Personen gibt, in deren Einrichtungen sich Nebengebäude, Keller, Steinbrüche oder Schuppen befinden, die in Pilzhäuser umgewandelt werden können. die sich sehr darüber freuen würden, die Methode der Pilzzucht zu erlernen und sich die einfachen Prinzipien erklären zu lassen, die den Bau von Pilzhäusern regeln sollten.

„Es gibt nur wenige große Bauernhöfe, die nicht über einen unbeachteten Ort verfügen, der sich leicht für den Pilzanbau eignet. Und die Bauern haben das Material zur Hand, Pferdemist, der nicht sehr beschädigt würde, wenn er zunächst für den Anbau von Pilzen verwendet würde. Brauereien auf dem Land haben die gleichen Annehmlichkeiten und Möglichkeiten. Indem ich die Mittel beschreibe, mit denen ich seit mehreren Jahren große Mengen ausgezeichneter Pilze an einem Ort anbauen konnte, der ursprünglich für diesen Zweck schlecht geeignet war, kann ich einige der Personen, die den Luxus dessen, was Soyer „die Perle der Felder" nannte, begehren, dazu bewegen, ihre Aufmerksamkeit dem Thema des Pilzanbaus zuzuwenden.

„Ich hatte einen großen, offenen, luftigen Schuppen zur Verfügung, der jedoch anfällig für Wetteränderungen war und im Winter insgesamt zu zugig und kalt und im Sommer zu heiß war. Ich baute innerhalb dieses Schuppens aus groben Tannenbrettern einen Innenschuppen, 18 Fuß lang, 6 Fuß breit und 8 Fuß hoch; zwei Behälter für Betten wurden gebildet, einer auf dem Boden, der andere darüber: und um im Winter die erforderliche Wärme zu erzeugen, führte ich einen Rauchabzug aus 9-Zoll-Muffenrohren durch das Haus; damit kann ich immer eine ausreichende Wärmemenge erzeugen. Das Material, aus dem die Betten bestehen, besteht hauptsächlich aus Kot, der auf einem umzäunten und überdachten Übungsplatz gesammelt wird. Dieser Kot wird von den Pferden zertrampelt und mit Stroh vermischt, das durch den Durchgang der Pferde mit dem Mist zerkleinert wird.

„Beim ersten Sammeln wird es in vollkommen trockenem Zustand zu einem großen Haufen aufgehäuft, und wenn es für das Beet benötigt wird, wird es weggeworfen, mit Wasser besprüht und etwa eine Woche lang fermentiert; Während es heiß ist, wird es zum Haus gebracht und beim Einwerfen mit einer kleinen Menge Erde lehmigen Charakters und einer Karrenladung Blatterde vermischt. Anschließend wird es mit einem Stampfer oder Holzhammer zu einer möglichst kompakten Masse gepresst und aufgebaut, bis ein Bett von 10 Zoll Dicke vorne und 20 Zoll Dicke hinten entsteht. Nachdem auf diese Weise ein aus diesen Materialien gebildetes Bett zusammengestellt wurde, findet eine schnelle Gärung statt; und wenn die heftigste Gärungswirkung vorüber ist und eine Temperatur von 80°C im Beet erreicht ist, wird der Laich mit Hilfe eines Dibbers hineingegeben. Ich verwende Ziegelbrut, der von guten Herstellern stammt, aber um die Produktionsdauer zu variieren und möglicherweise zu verlängern, füge ich eine bestimmte Menge von Brut hinzu, die ich aus alten Beeten gewonnen habe. Dieser entwickelt sich länger als der erzeugte Laich und erscheint als Nebenfrucht. Nach dem Laichen des Beetes wird eine 1½ bis 2 Zoll dicke Schicht kompakter Lehmerde auf der Oberfläche ausgebreitet und gut gestampft, um eine glatte und harte Kruste zu bilden. Im Haus sollte eine Temperatur zwischen 50° und 60° eingehalten werden. Eine niedrigere Temperatur entzieht dem Bett die Wärme schneller.

„Wenn die Pilze anfangen zu schwächeln, was nach einer bestimmten Menge des Beets der Fall ist, weil die stimulierenden Teile des Düngers erschöpft sind, halte ich es für eine ausgezeichnete Praxis, eine Handvoll Salz in das Beet zu streuen (diese Menge Salz entspricht einer 3-Gallonen-Dose). Salpeter ist, obwohl in viel kleineren Mengen, genauso wertvoll, wenn er auf die gleiche Weise verabreicht wird. Die von mir beschriebene Praxis bezieht sich auf den Winteranbau von Pilzen.“

Es ließen sich viele Beispiele für einen perfekten Erfolg wie den vorhergehenden anführen. Hier ist eines von Herrn WP Ayres:

„Sie werden erfreut sein zu hören, dass wir am Rande dieser Stadt (Nottingham) einen Pilzzüchter (Mr. Cookson, Mansfield Road) haben, der mit den französischen Züchtern wetteifert, insbesondere wenn man die Anbaumethoden berücksichtigt. Der Ort, den er bewohnt, war früher der Lustgarten eines großen Hotels, wo der Eigentümer in der Sommersaison gelegentlich seine Freunde und Stammgäste zu einem Freiluftfest einlud . Zu diesem Zweck wurde eine Reihe von Sommerhäusern gebaut, bestehend aus Ziegelbögen, etwa 12 Fuß tief, 6 Fuß breit und etwas höher. Direkt daneben befindet sich ein kleiner Sandsteinkeller, der im Sommer für Getränke und im Winter für Kartoffeln diente.

„Vor etwa zwölf Monaten fielen diese Räumlichkeiten und das angrenzende Haus in den Besitz eines Gärtners, der, obwohl er eine Lizenz für das Haus hatte, sich einbildete, er könne die Bögen einem besseren Zweck widmen, und sie daher als Pilzbeet nutzte. Da es notwendig war, die Bögen zu schließen, wurde parallel zu ihrer Vorderseite, aber sechs Fuß von ihr entfernt, auf grobe Weise eine etwa drei Fuß hohe Mauer errichtet, und von dort wurde ein Dach aus rohem Holz geworfen und mit Asphaltpappe bedeckt . Hier lag jedoch ein Fehler vor; Denn als die Sonne auf das Gebäude genau im Süden fiel, wurde die Atmosphäre ziemlich „teerhaltig“ – so sehr, dass die Pilze sich weigerten, darin zu wachsen. Das ließ nach einiger Zeit nach, und der Mieter erzählte mir, dass er bei einem Beet, das nicht größer als 30 Quadratmeter war, mehr als 25 *l geschnitten hatte.* im Wert von Pilzen. Als ich die Betten sah, konnte man sie als verbraucht betrachten, die Blüte der frühen Jugend war vorbei; aber dennoch war die Ernte wunderbar, besonders wenn man die Mittel bedenkt, die zur Verfügung standen.

„Im Felsenkeller waren die kleinen Beete ein Pflaster aus prächtigen Pilzen, viele von ihnen so groß wie eine Käseplatte und dick im Verhältnis. Im Garten steht eine Scheune – vier Wände mit einem Dach darüber, das so rau ist, dass man es nur bei schönem Wetter als wasserdicht bezeichnen kann. An diesem Ort, der 25 Fuß lang und 15 Fuß breit sein kann, wurden zwei Etagen mit Betten aufgestellt, das Dach wurde wasserdicht gemacht, ein gewöhnlicher gemauerter Schornstein wurde hindurchgeführt und, als ich sie sah, noch mehr Aussichtsreiche Betten ließen keine Wünsche offen. Auch hier werden Sie feststellen, dass für die Pilzproduktion keine teuren Geräte erforderlich sind.“

Ställe und ähnliche Strukturen bieten Kapitalmöglichkeiten, in denen eine erfolgreiche Pilzzucht problemlos durchgeführt werden kann.

Wenn es möglich ist – und wir wissen, dass es nicht nur möglich, sondern auch einfach ist –, Pilze in Kisten von einigen Fuß Länge und einem Fuß oder achtzehn Zoll Breite und ebenso viel Tiefe zu züchten, ist es klar, dass es kein Problem sein kann, sie in großer Menge auf eine Weise zu züchten, wie sie auf der beigefügten Gravur dargestellt ist . Diese Methode wurde tatsächlich mit großem Erfolg vom Baron Joseph d'Hoogvorst aus Limmel praktiziert.

Abb. 14. Pilzkultur auf Regalen im Stall.

Die Kultivierung erfolgte in sorgfältig ausgestatteten Holzkisten, die so angeordnet waren, dass sie, wie auf dem Stich gezeigt, mit Segeltuchvorhängen verhüllt werden konnten , so dass man auf den ersten Blick nicht annehmen konnte, dass dort Pilzzucht betrieben wurde. Der Versuch hatte keine negativen Auswirkungen hinsichtlich der Schaffung einer ungesunden Atmosphäre. Die Betten wurden ganz in der üblichen Weise aus dem Kot von gut genährten Pferden geformt. Nun besteht kein Zweifel daran, dass eine ähnliche Art der Pilzzucht auch in den Ställen oder einem angrenzenden Gebäude an Hunderten von Orten außerhalb des Gartens und des Gärtners insgesamt durchgeführt werden könnte. In Anbetracht der Materialien und einer Position, wie eng sie auch sein mag, um die Kultur durchzuführen, und diese beiden Dinge sind sicherlich fast überall zu haben, wo es einen Stall gibt, ist der Rest so einfach, dass jeder Stallknecht oder Junge es tragen könnte aus. Wir wissen, dass sich diese Personen insgesamt nicht besonders für botanische oder gartenbauliche Studien interessieren, aber die Aussicht auf ein gelegentliches halbes Dutzend frischer Pilze auf dem Grillrost würde ihnen zweifellos das lobenswerteste Interesse an dieser Kultur vermitteln. Der einzige Einwand dagegen ist oder könnte sein, dass der Gärtner, sobald sie in der Kultur heimisch sind, höchstwahrscheinlich nicht mehr über die Materialien für seine Brutstätten verfügen würde. Ein leerer Dachboden oder eine andere überdachte Struktur könnte ebenso genutzt werden wie der Stall oder eine leere Remise. Abgesehen von der Nutzung der Stallwände, wie es der Baron tat, bieten leere Ställe häufig die Möglichkeit, Pilze in großen Mengen zu züchten. Diese Ausführungen gelten für Ställe in Städten und Gemeinden sowie auf dem Land; Tatsächlich ist in Städten, insbesondere in London, Stallmist normalerweise so reichlich vorhanden, dass er viel einfacher zu bekommen und viel billiger ist als auf dem Land, so dass selbst diejenigen in London über geeignete Orte für den Pilzanbau verfügen, aber nicht regelmäßig oder überhaupt keine Pferde halten , konnte keine Schwierigkeiten haben, reichlich Material zu beschaffen.

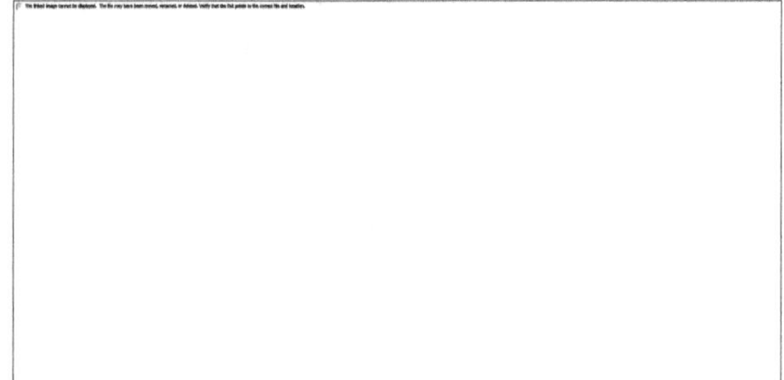

Abb. 15. Pilzbeet auf grobem Regal an der Kellerwand.

Die Franzosen züchten Pilze oft in Kellern und in den im nächsten Kapitel beschriebenen Höhlen . Ein trockener, warmer Keller ist vorzuziehen; er sollte so dunkel wie möglich sein und keinem Luftzug ausgesetzt sein. In Kellern kann man auf viele Arten Beete anlegen. Die in der Mitte angelegten Beete sollten immer zweiseitig sein, während die an den Wänden nur halb so dick sein sollten, da sie nur eine nutzbare Seite haben. Man kann sie auch auf Regalen übereinander anordnen. Zu diesem Zweck werden starke Eisenstangen in die Wände getrieben, auf die Regale der richtigen Größe gelegt und mit Erde bedeckt werden, worauf ein Beet angelegt wird, das genauso behandelt wird wie die Beete auf dem Boden. Diese Beete sind genauso ertragreich wie alle anderen Arten. Sie können sogar auf dem Boden von Fässern angelegt werden, die mindestens zwei Fuß sechs Zoll im Durchmesser haben sollten. Sie werden in der Form eines Zuckerhuts angelegt, etwa drei Fuß hoch, und die Myzelstücke werden 1 und ein Viertel Zoll tief und 16 Zoll voneinander entfernt ausgelegt. Ein Fass wird quer in zwei Teile gesägt, die jeweils eine Wanne bilden. In den Boden jedes Teils werden Löcher gebohrt und innen eine dünne Schicht guter Erde darüber verteilt. Dann werden sie mit gutem, gut zubereitetem Stallmist gefüllt, genau wie er für gewöhnliche Pilzbeete verwendet wird, wobei die verschiedenen Mistschichten in jeder Wanne gut angedrückt werden. Wenn die Wanne halb voll ist, werden sechs oder sieben gute Stücke Brut auf die Oberfläche gelegt und der Rest mit Mist aufgehäuft, der gut angedrückt wird. Der Vorgang wird abgeschlossen, indem dem Haufen die Form einer Kuppel gegeben wird. Die so vorbereiteten Wannen werden in einen vollkommen dunklen Teil eines Kellers gestellt und acht oder zehn Tage später wird der Mist herausgenommen, bis der Brut sichtbar ist, um zu sehen, ob er zu wachsen begonnen hat und kleine Fäden entwickelt hat. Wenn sich der Brut ausgebreitet hat, muss die Oberfläche mit Erde bedeckt werden, wobei darauf zu achten ist, nur frische und gut zubereitete Erde zu verwenden. Auf diese oder eine ähnliche Weise sollte es keine Schwierigkeiten beim Pilzeanbau geben: Die Kisten oder Wannen können überall gefüllt und dann in die freien Keller usw. gebracht werden. Auf diese Weise können in vielen Fällen Einwände gegen das Dämpfen von Mist ausgeräumt werden.

Abb. 16. Pyramidenförmiges Pilzbeet auf dem Kellerboden.

Abb. 17. Auf dem Boden eines alten Fasses gewachsene Pilze.

Zu den vielen und unterschiedlichen Strukturen, in denen Pilze gezüchtet werden können, die wir aber selten zu diesem Zweck nutzen, gehören alle Arten von Gewächshäusern, Öfen, Gruben und Gerüsten. Einige der besten Pflanzen, die ich je gesehen habe, wurden in kalten Gewächshäusern angebaut, die fast zu ruinös waren, um etwas anderes anzubauen. Mitten im Winter bieten die Böden aller Häuser, in denen zum Treiben oder für andere Zwecke eine angenehme Temperatur aufrechterhalten wird, hervorragende Voraussetzungen für die schnelle und reichliche Produktion von Pilzen. Auf dem Boden könnten kleine, kammartige Beete angelegt werden, die bei der an solchen Orten normalerweise herrschenden angenehmen Temperatur wahrscheinlich etwa einen Monat nach dem Laichen zum Tragen kommen würden. Wie oft bemerken wir beispielsweise, dass die Böden großer Weingüter mitten im Winter oder sehr frühen Frühling ziemlich kahl sind, insbesondere nachdem die Reben gepflanzt wurden. Gerade zu dieser Jahreszeit wäre die wohltuende Wärme, die von den leicht gärenden Materialien, die für das Pilzbeet verwendet wurden, abgegeben würde, diejenige, die den zarten, brechenden Reben am besten schmecken würde, und mit ein wenig Aufmerksamkeit auf diese Weise eine erstklassige Ernte In den frühen Weinbergen konnte immer eine Menge Pilze gesammelt werden, und in Häusern, in denen keine künstliche Hitze angewendet wurde, konnten sie auch in Hülle und Fülle angebaut werden. In kalten Ställen wäre jedoch mitten im Winter eine Heudecke notwendig, um übermäßige Temperaturschwankungen zu verhindern, und auch im Frühling und Sommer, um ein übermäßiges Austrocknen oder Verbrennen der Beete durch die heiße Sonne zu verhindern. Ich habe sogar hervorragende Feldfrüchte auf dem Boden eines alten Anbauhauses gesehen, deren Beete mit etwa einem halben Meter Heu bedeckt waren und gelegentlich mit Wasser besprüht wurden, um übermäßige Hitze auf der Oberfläche des Beetes zu verhindern. An kleinen Orten, an denen wahrscheinlich jeder Fuß des Glashauses mit Pflanzen besetzt ist, ist es nicht einfach, die oben genannten Vorschläge umzusetzen, aber selbst wenn ein kleines frühes Weingut mit Pflanzen besetzt wäre, wäre es wünschenswert und praktikabel um eine Reihe grober Kisten vorzustellen, die der Pilzkultur gewidmet sind.

Abgesehen von leeren Gewächshäusern kann der Raum unter den Bühnen in zahlreichen Gewächshäusern aller Art zur Pilzzucht genutzt werden. Diese Stellen sind normalerweise unbesetzt, gelegentlich werden sie im Winter zur Lagerung von Fuchsien usw. verwendet, aber nur sehr selten werden sie so gut genutzt wie auf die von mir empfohlene Weise. Die Bühne in dem kleinen Gewächshaus ist häufig erhöht, sodass viel Platz zum Untergehen vorhanden ist: Wenn es hinten oder am Ende keine Möglichkeit gibt, problemlos unter der Bühne hindurchzugehen, sollte eine Öffnung geschaffen werden. Die einzige Schwierigkeit, die möglicherweise auftreten könnte, wäre das Tropfen von den Pflanzen auf der Bühne darüber. Dem kann jedoch leicht vorgebeugt werden, indem man ein Stück Plane oder Ölleinwand über das Beet oder die Beete ausbreitet. Mit richtig angelegten Beeten, einer Schicht trockenem Heu oder Einstreu und einem Stück Plane kann jeder Besitzer eines Gewächshauses mit Bühne darin während der Herbst-, Winter- und

Frühlingsmonate Pilze züchten, und sogar im Sommer, indem er die Oberfläche des Heus oder der Einstreu feucht hält. Wenn natürlich nur Platz für ein Beet vorhanden ist, kann keine Abfolge eingehalten werden. In diesem Fall sollte im Herbst ein Beet angelegt werden, das bei guter Pflege einen Monat oder sechs Wochen vor und nach Weihnachten voll Früchte trägt. Es gibt jedoch zahlreiche Bereiche wie die erwähnten, in denen Platz für eine Abfolge von Beeten ist. Niemand, der nur ein Gewächshaus besitzt, muss große oder überhaupt keine Unannehmlichkeiten durch den Geruch des Düngers befürchten – zumindest nicht, nachdem die Beete angehäuft wurden. Die paar Zentimeter Erde über dem Dünger würden alle vom Beet abgegebenen Dämpfe absorbieren.

Wo auch immer der Anbau von Gurken oder Melonen in Gruben oder Rahmen erfolgt, kann nichts einfacher sein, als nach den Melonen usw. große Mengen Pilze anzubauen. werden abgeräumt. Der Laich kann über die Oberfläche der kleinen Hügel gelegt werden, die üblicherweise zur Aufnahme der jungen Melonenpflanzen angelegt werden, und auch über die verbleibende Oberfläche der Beete, die im Allgemeinen mit einigen Zentimetern Erde bedeckt sind. Nachdem die Melonen ihre Brutzeit beendet haben und der Kraut weggeräumt ist, wird man normalerweise feststellen, dass sich der Laich in der tiefen Erdmasse in den Beeten ausgebreitet hat. Da während der Reifung der Melonen wenig oder gar kein Wasser gegeben oder benötigt wird, ist in der Regel ein gutes Einweichen in lauwarmem Wasser erforderlich, um die Pilze zu einer üppigen Fruchtbildung anzuregen. Wenn die Jahreszeit und die Situation mild und warm sind, können die Lichter ausgeschaltet werden; und wenn die Sonne sehr stark ist, können die Betten mit Planen oder Matten beschattet werden. Wenn die Jahreszeit jedoch spät und kalt ist, ist es andererseits wünschenswert, das Licht eingeschaltet zu lassen und es bei kaltem Wetter sogar abzudecken.

KAPITEL VI.

DIE HÖHLENKULTUR DER PILZE, IN DER NÄHE VON PARIS.

DIE umfangreichste und erfolgreichste Pilzkultur, die es gibt, wird in weit verzweigten Höhlen weit unter der Oberfläche in der Nähe von Paris betrieben. Um dem Leser eine möglichst gute Vorstellung davon zu vermitteln, müssen wir eine der großen „Pilzhöhlen" in Montrouge besuchen, etwas außerhalb der Befestigungsanlagen von Paris, auf der Südseite. Die Bodenoberfläche wird überwiegend mit Weizen angebaut; aber hier und da liegen, bereit für den Transport nach Paris, weiße Steinblöcke, die kürzlich durch kohlengrubenartige Öffnungen an die Oberfläche gebracht wurden. Es gibt nichts Vergleichbares wie einen „Steinbruch", wie wir ihn verstehen; Der Stein wird wie bei der Kohleförderung abgebaut, und zwar ohne jegliche Beeinträchtigung der Erdoberfläche. Nach einiger Mühe finden wir einen „Champignonniste", der uns über einige Felder bis zum Eingang seines unterirdischen Gartens begleitet. Es ist eine kreisförmige Öffnung wie die Mündung eines alten Brunnens, aber aus ihr ragt der Kopf einer dicken Stange heraus, durch die Stöcke gesteckt sind. Dieser Pfahl, dessen Basis sechzig Fuß tief in der Dunkelheit ruht, ist der Der einfachste und tatsächlich einzige Weg für Menschen, in die Mine zu gelangen. Ich hatte die Vorstellung, dass man seitlich und auf angenehmere Weise einsteigen könnte, aber das war nicht der Fall. Mein Führer kriecht an der wackeligen Stange entlang, ich folge ihm und erreiche bald den Boden, von dem aus kleine Gänge strahlenförmig verlaufen. Unten sind ein paar kleine, an spitzen Stöcken befestigte Lampen angebracht, und mit je einer bewaffnet beginnen wir langsam, dunkle, stille, gewundene Passagen zu erkunden. Ich habe gehört, dass der erste Mensch, der in diesen katakombenähnlichen Höhlen mit der Pilzzucht begann, jemand war, der es in einer besonders glorreichen Epoche der Geschichte Frankreichs bevorzugte, als viel mehr tapfere Garçons in den Kampf zogen als vom Sieg zurückkehrten , seltsamerweise, zu Hause zu bleiben und sich zu verstecken, anstatt eine Einheit in „der großartigen, strengen Aufstellung der Schlacht" zu bilden. Fleißige und diskrete Jugend! Sie verdienen es, als Vorbild angesehen zu werden, genauso wie die fleißige Biene, die jede „leuchtende Stunde" besser macht.

Abb. 18. Pilzhöhle, 70 Fuß unter der Oberfläche, in Montrouge, in der Nähe von Paris, Juli 1868.

Die Gänge sind eng und manchmal müssen wir uns bücken. Auf beiden Seiten verlaufen schmale kleine Beete mit halb zersetztem Stallmist entlang der Wand. Diese wurden erst vor kurzem angelegt und noch nicht gelaicht. Bald kommen wir zu anderen, in die der Laich gelegt wurde und sich frei „ausbreitet". Der Laich in diesen Höhlen wird in Flocken, die aus einem alten Beet entnommen wurden, oder, noch besser, aus einem Haufen Stallmist, in dem er natürlich vorkommt, in die kleinen Beete eingebracht. Solcher Laich wird bevorzugt und gilt als viel wertvoller als der aus alten Beeten. Laich in Ziegelform, wie er in England verwendet wird, gibt es nicht.

Abb. 19. Frisch gemachtes Bett an der Höhlenwand.

Der Champignonniste zeigte stolz auf die Art und Weise, wie sich die Laichflocken in den kleinen Beeten auszubreiten begannen, und ging weiter – manchmal beugte er sich sehr tief, um den spitzen Steinen in der Decke auszuweichen – dorthin, wo die Beete in einem fortgeschritteneren Zustand waren . Hier sahen wir kleine, glatte, kittfarbene Grate, die an den Seiten der Gänge verliefen, und überall dort, wo der felsige Untergrund so groß wurde wie ein kleines Schlafzimmer, waren zwei oder drei kleine Betten parallel nebeneinander aufgestellt. Diese Beete waren neu und überall mit Pilzen übersät, die nicht größer als Erbsenkerne waren, was eine hervorragende Aussicht auf eine Ernte bot. Jedes Beet enthält eine viel kleinere Menge Mist, als es in unseren Gärten jemals der Fall ist. Sie sind nicht höher als 20 Zoll und an der Basis etwa gleich breit; während diejenigen an den Seiten der Durchgänge nicht so groß sind wie diejenigen, die in den offenen Räumen platziert sind. Der Boden, mit dem sie bis zu einer Tiefe von etwa einem Zoll bedeckt sind, ist fast weiß und wird einfach aus dem Abfall der darüber liegenden Steinmetze gesiebt, was dem frisch gemachten Beet den Anschein verleiht, als wäre es mit Kitt bedeckt.

Obwohl wir uns 70 bis 80 Fuß unter der Erdoberfläche befinden, sieht alles ganz ordentlich aus – tatsächlich viel ordentlicher, als man hätte erwarten können, denn es ist kein einziges Stück Abfall zu finden. Jeden Tag im Jahr wird eine bestimmte Länge Bett angelegt, und da die Männer jeweils eine Galerie oder eine Reihe von Galerien fertigstellen, weisen die Betten in jeder einen ähnlichen Charakter auf. Wenn wir in voller Montur zu diesen vordringen, enge Gänge auf und ab kriechen, uns immer zwischen den beiden kleinen schmalen Betten an der Wand auf jeder Seite hindurchschlängeln und ab und zu durch breitere Winkel gehen, die mit zwei oder drei kleinen Betten gefüllt sind, wird wieder Tageslicht sichtbar. Diesmal fällt es durch einen weiteren brunnenähnlichen Schacht, der früher zum Heraufholen der Steine verwendet wurde, jetzt aber zum Hinunterwerfen der erforderlichen Materialien in die Höhle. Auf dem Boden liegt ein großer Haufen der zuvor erwähnten weißen Erde und ein Fass Wasser – denn in der ruhigen, kühlen, schwarzen Stille dieser Höhlen sowie in den Pilzhäusern auf der oberen Kruste ist sanftes Gießen erforderlich.

Noch einmal stürzen wir uns in einen tintenschwarzen Gang und finden uns zwischen zwei Reihen vollbepflanzter Beete wieder, wobei überall an den Seiten der winzigen Beete in Hülle und Fülle wunderschöne weiße, knopfartige Pilze auftauchen, so etwas wie die Bohrer, die Bauern herstellen für grüne Pflanzen. Während der Wirt weitergeht, pflückt er noch einige Trauben, die in Perfektion sind, und lässt sie an Ort und Stelle, damit sie zusammen mit dem Rest für den morgigen Markt eingesammelt werden können. Er sammelt größtenteils jeden Tag und versendet gelegentlich mehr als 400 Pfund Gewicht pro Tag, der Durchschnitt liegt bei etwa 300 Pfund.

Abb. 20. Blick in die Pilzhöhle.

Einen Augenblick später befinden wir uns in einem offenen Raum, einer Art Kammer, sagen wir sechs mal zwölf Meter groß, und hier sind die kleinen Beete in parallelen Reihen angeordnet, durch eine Gasse von nicht mehr als vier Zoll voneinander getrennt, und die Seiten der Beete sind buchstäblich über und über mit Pilzen übersät. Es gibt eine Ausnahme; auf der Hälfte des Beets und auf etwa zehn Fuß Länge sind kleine Pilze erschienen und erscheinen noch immer, aber sie werden nie größer als eine Erbse und verdorren, sozusagen „verzaubert". Zumindest ließ sich dies aus der Äußerung des Züchters schließen. Er schrieb es ernsthaft einer lächerlich abergläubischen Ursache zu. Häufig wachsen die Pilze in Büscheln oder „Steinen", wie sie genannt werden, und in solchen Fällen werden die Pilze, aus denen die kleine Masse besteht, alle gemeinsam herausgehoben.

Die Seiten eines Beetes hier waren durch das Entfernen solcher Büschel fast abgetragen worden, und es ist bemerkenswert, dass sie beim Sammeln nicht nur mitsamt der Wurzel entfernt werden, sondern auch die Stelle, an der sie wuchsen, abgekratzt wird heraus, so dass alle Spuren des alten Haufens entfernt sind, und der Raum wird mit etwas Erde vom Boden des Haufens bedeckt. Es ist in jedem Fall üblich, dies zu tun, und wenn der Sammler ein kleines Loch hinterlässt, aus dem er auch nur einen einzelnen Pilz gezogen hat, füllt er es mit etwas weißer Erde vom Boden auf, zweifellos in der

Absicht, weitere Pilze daraus zu sammeln die gleichen Stellen, bevor viele Wochen vorbei sind. Die „Knöpfe" sehen sehr weiß aus und scheinen von erstklassiger Qualität zu sein. Das Fehlen aller Verschmutzungen und des Staubs sowie die täglichen Zusammenkünfte sorgen dafür, dass sie in einem Zustand sind, den wir als perfekt bezeichnen können. Ich besuchte diese Höhle am 6. Juli 1868 und bezweifle sehr, ob zu dieser Jahreszeit irgendwo eine bemerkenswertere Pilzernte gefunden werden konnte, als sie in dieser unterirdischen Kammer präsentiert wurde – ein bloßer Fleck in dem Raum, der von einer Person der Pilzzucht gewidmet wurde Individuell.

Wenn ich erwähne, dass es in den Verästelungen dieser Höhle sechs oder sieben Meilen Pilzbeete gibt und dass der Besitzer nur einer von vielen ist, die sich der Pilzzucht widmen, wird der Leser Gelegenheit haben, zu beurteilen, in welchem Ausmaß diese in der Umgebung von Paris betrieben wird. Diese Höhlen decken nicht nur den Bedarf der Stadt über ihnen, sondern auch den von England und anderen Ländern, da große Mengen konservierter Pilze exportiert werden, wobei allein ein Haus nicht weniger als 14.000 Kisten jährlich in unser eigenes Land schickt. Es gab einige Spuren von Rattenzähnen auf den Produkten, und es muss nicht erwähnt werden, dass diese Feinde an einem solchen Ort nicht angenehm sind; aber sie schienen keine ernsthaften Verwüstungen angerichtet zu haben und sind wahrscheinlich nur zufällige Besucher, die die erste Gelegenheit nutzen, abwechslungsreichere Nahrung zu erhalten, als sie in diesen Höhlen zu finden ist. Es ist unnötig, die Gänge weiter zu durchqueren – es ist nichts zu sehen außer einer Wiederholung der oben beschriebenen Zucht, wobei jeder verfügbare Zoll der Höhle besetzt ist. Wir finden erneut den Weg zum Grund des Schachts, erklimmen vorsichtig, einer nach dem anderen, die ziemlich wackelige Stange und stehen erneut in der heißen Sonne inmitten des reifen Weizens.

Beim Durchqueren der Felder sind zwei Dinge zu beobachten, die mit dem Pilzanbau zu tun haben: Haufen weißer, kiesiger Erde, die aus den *Trümmern* des weißen Steins gesiebt wurde, und große Haufen Stallmist, der für den Pilzanbau angehäuft und für diesen aufbereitet wird. Diese Aufbereitung unterscheidet sich von der, die wir normalerweise anwenden. Es handelt sich um gewöhnlichen Stallmist oder sehr kurzes Zeug, keinen Kot, und er wird in Haufen von vier bis fünf Fuß Höhe und vielleicht dreißig Fuß Breite geworfen. Die Männer waren damit beschäftigt, diesen umzudrehen, die Masse wurde anschließend mit den Füßen festgestampft, wobei ein Wasserwagen und Töpfe verwendet wurden, um den Mist gründlich zu wässern, wenn er trocken und weißlich ist.

Da sich viele für die Höhlenkultur des Pilzes interessieren und sie vielleicht selbst sehen möchten, kann ich sagen, dass es schwierig ist, eine Genehmigung für den Besuch der Höhlen zu erhalten, und vielen Menschen würde das Aussehen der „Leiter" nicht gefallen ", das einen Eingang bietet. Selbst bei einem bekannten Pariser Gärtner hatte ich einige Schwierigkeiten, mich dort zurechtzufinden. Mir wurde mitgeteilt, dass ein Champignonniste im selben Viertel den exorbitanten Preis von zwanzig Franken für einen Besuch in seiner Höhle verlangt. Da der Besuch eine kurze Zeitarbeit erfordert, sollte kein Besucher den Landwirten diese Mühe machen, ohne eine geringe Gegenleistung anzubieten – sagen wir nicht weniger als fünf Francs. Die obige Höhle ist nur ein Beispiel für viele in der unmittelbaren Umgebung von Paris.

Als nächstes werden wir eine Pilzhöhle anderer Art in einiger Entfernung von dieser Stadt besuchen. Es liegt in der Nähe von Frépillon, Méry-sur-Oise – ein Ort, den man in etwa einer Stunde über den Chemin de fer du Nord erreichen kann, der an Enghien, dem Tal von Montmorency und Pontoise vorbeiführt und in Auvers aussteigt. In der Nachbarschaft gibt es große Steinbrüche, sowohl für die Herstellung von Bausteinen als auch für den Gips, der in Paris so häufig verwendet wird. Die Materialien werden nicht auf die übliche Art und Weise abgebaut, indem der Boden geöffnet wird, noch auf die in Montrouge und anderswo in den Vororten von Paris angewandte Methode, sondern so, dass das Erdinnere wie eine riesige, düstere Kathedrale aussieht. Im Jahr 1867 war die Pilzzucht in Méry in vollem Gange, und es wurden bis zu 3000 Pfund gesammelt. Von dort aus wurden manchmal täglich Exemplare auf den Pariser Markt geschickt; Aber der Pilz hat einen besonderen Geschmack, und diese Steinbrüche sind jetzt leer – gesäubert und der Ruhe überlassen. Mit der Zeit scheinen die großen Steinbrüche ihrer Bewohner überdrüssig zu werden, oder die Pilze mögen die Luft nicht; Die Steinbrüche werden dann gründlich gesäubert, der Boden, auf dem die Beete ruhten, wird abgekratzt, und der Ort bleibt ein oder zwei Jahre lang der Erholung überlassen. Im Jahr 1867 verfügte M. Renaudot über eine außergewöhnliche Länge von über 21 Meilen Pilzbetten in einer großen Höhle bei Méry; Letztes Jahr waren es sechzehn Meilen in einer Höhle bei Frépillon. Dies ist ein sauberes, einsames Dorf, das nur an den riesigen Friedhof grenzt, den M. Haussmann entworfen hat.

Abb. 21. Eingang zu einem großen unterirdischen Steinbruch.

Der Fernblick auf den Eingang zu den Steinbrüchen erinnert stark an eine englische Kreidegrube. Aber es gibt einen großen, groben Bogen, der in den Felsen gehauen ist, und in den wir hineingehen, begegnen wir einem Wagen, der mit einer Ladung Steine herauskommt, der Fuhrmann mit einer Lampe in der Hand. Für den Besucher, der die Pilzhöhlen in der Nähe von Paris gesehen hat, wo man sich manchmal sehr tief bücken muss, um nicht mit dem Kopf gegen die Dachfelsen zu stoßen, ist die Überraschung groß, wenn man ein Stück hineinkommt. Zumindest ist es so schnell wie man kann sehen; Die Dunkelheit ist so tief, dass ein paar Kerzen oder Lampen sie nur noch sichtbarer machen. Der Tunnel, den wir durchqueren, ist fast regelmäßig gewölbt, wobei hier und da Mauerwerk verwendet wird, um die Stütze sicher und einigermaßen symmetrisch zu machen, wobei die Bögen oben etwa sechs

Fuß flach und etwa fünfundzwanzig Fuß hoch sind; manchmal fünf Fuß höher.

Abb. 22.

Plan des großen unterirdischen Steinbruchs in Fortes Terres, Frépillon. S , S , S stellen den Plan der Basen der riesigen Stützpfeiler dar und die gepunkteten Linien ihre Verbindung mit dem Dach. D , C zeigen die Linie des im folgenden Schnitt gezeigten Abschnitts und P den Ort zur Vorbereitung des Putzes. September 1868.

Abb. 23. Schnitt entlang der Linie *C* , *D* in Abb. 22 .

Bald biegen wir nach rechts ab, und es bietet sich eine Szene wie ein riesiger unterirdischer Felsentempel. An einem Ende stehen mehrere von uns mit Lampen und bewundern die jungen Pilze, die überall in den Reihen der Beete sprießen, die schlangenartig lang und schmal sind und sich in die Dunkelheit winden. In etwa 150 Fuß Entfernung steht eine Gruppe von drei Männern und einem Jungen, jeder mit einer Lampe, die die Dunkelheit aus den Pilzbeeten vertreiben und damit beschäftigt sind, kleine Mengen einer Art weißen, lehmigen Sandes an den Stellen zu verteilen, an denen einige Stunden zuvor noch Pilze gesammelt wurden. Von beiden Seiten dieser düsteren Allee gehen in kurzen Abständen die dunklen Öffnungen anderer ab, und der Boden aller ist mit Pilzbeeten bedeckt, die manchmal entlang der Gänge verlaufen, manchmal quer über sie. Diese Beete sind etwa 22 Zoll hoch und haben ebenso viel Durchmesser und sind in etwa gleichen Anteilen mit silbernem Sand und einer Art weißem, kittartigem Lehm bedeckt. Sie verlaufen in parallelen Linien und verschwinden in der Dunkelheit aus dem Blickfeld. Man weiß nicht, womit man sie vergleichen soll, es sei denn mit Kiefern mit nackter Rinde im Laderaum eines Schiffes.

Überall auf der Oberfläche dieser kleinen Beete schauten in großer Zahl kleine Pilze hervor; Da die Beete regelmäßig jeden Tag eingesammelt werden, sind keine sehr großen zu sehen. Sie werden bevorzugt, wenn sie etwa die Größe einer Kastanie haben, und werden von Wurzel und Ast entfernt, wobei ein kleiner Teil fein gesiebter Erde in jedes Loch gegeben wird, um das Bett wie in den Höhlen von Montrouge zu ebnen. Wenn der alte Aberglaube wahr wäre, dass ein Pilz niemals wächst, nachdem er von menschlichen Augen gesehen wurde, würde der Beruf eines Champignonnistes hier niemals in Frage kommen, da die kleinen, knospenden Individuen jeden Tag während der Sammel- und Erdungsarbeiten in Sichtweite kommen. Überall in der Nähe dieser Beete ist die vollkommenste Sauberkeit zu beobachten, und die gesamte Fläche jeder Allee ist von ihnen bedeckt, so dass zwischen den Beeten Durchgänge von zehn Zoll oder einem Fuß frei bleiben. Zum Zeitpunkt meines Besuchs (29. September 1868) waren die Ernten des Landwirts auf den niedrigsten Stand gesunken, und dennoch waren es etwa 400 Pfund. pro Tag wurden auf den Markt gebracht. Die durchschnittliche Tagesmenge aus dieser Höhle beträgt etwa 880 Pfund, manchmal sogar fast das Doppelte.

In einigen Teilen der Höhle wird der Stein mit Pulver und einfachen Maschinen immer noch herausgerissen. Die Bögen folgen sozusagen der Maserung des Steins; ihre unteren Teile bestehen aus hartem Stein, die oberen aus weichem, mit Ausnahme der obersten, die ebenfalls hart ist. Über der Spitze jedes Bogens befindet sich nur eine dünne Steinkruste und darüber Erde und Bäume.

Man kann davon ausgehen, dass der Gewinn aus einer so umfangreichen Kultur groß ist; und das ist auch der Fall, aber die Kosten sind ebenfalls hoch. Der Eigentümer teilte mir mit, dass eine Kultur in einem kleineren Maßstab als die, die er letztes Jahr in Méry betrieben hatte, im Verhältnis zu den Kosten den besten Ertrag brachte, da die Pflege und Überwachung, die für so viele Meilen von Beeten erforderlich ist, zu groß ist.

Abb. 24. Gewinnung des Steins in unterirdischen Steinbrüchen.

Der gesamte verwendete Mist wird mit der Eisenbahn aus Paris gebracht, da der Ort auf der Straße 25 Meilen von dieser Stadt entfernt ist. Erstens wird in Paris monatlich so viel für den Mist jedes Pferdes bezahlt; dann muss es zum Bahnhof gekarrt und in die Waggons verladen werden; Als nächstes wird es zum Bahnhof von Auvers gebracht und anschließend ein paar Meilen zu den Steinbrüchen transportiert, wobei auf dem Weg eine Maut für eine Brücke über die Oise zu zahlen ist. Für einen Kultivierenden ist das sicherlich schon schwierig genug! Dann wird es in großen, flachen Haufen gelegt, etwa dreißig Meter lang und zehn Meter breit, nicht weit vom Eingang der Höhle entfernt, und hier wird es vorbereitet, dreimal umgedreht und gut gemischt und in der Regel zweimal gewässert. Die Vorbereitung dauert etwa fünf bis sechs Wochen, wobei lange Düngemittel mehr Zeit erfordern als kurze. Die Bewässerung erfolgt normalerweise nicht regelmäßig über der Masse, sondern hauptsächlich dort, wo sie trocken und überhitzt ist. Jeden Tag wird Mist aus Paris gebracht; Jeden Tag werden neue Beete angelegt und alte ausgeräumt. Der verbrauchte Mist wird für Gartenzwecke verwendet, insbesondere zum Bestreuen oder Mulchen, um eine Überstrahlung des Bodens im Sommer zu verhindern. Der Hauptvorteil, den der Landwirt hier hat, ist die Möglichkeit, seinen Mist oder irgendetwas anderes in Karren hinein- und hinauszubefördern, so einfach, als ob die Beete im Freien angelegt würden. In der Nähe von Paris hingegen muss alles durch Schächte wie in einem alten Brunnen auf und ab geschickt werden, und die Männer müssen wie Mäuse auf einer rauen Stange auf und ab kriechen. Viele Männer sind in der Kultur beschäftigt, und die tägliche Untersuchung von sechzehn Meilen langen Betten ist an sich schon eine beträchtliche Aufgabe. Hier und da ist eine Barriere in Form von zwischen Latten genageltem Stroh zu sehen, die den großen Bogen bis zu einer Höhe von etwa sechs Fuß blockiert. Dies soll verhindern, dass Luftströme durch die weitläufigen Gänge wandern.

Die Art und Weise, den Spawn hier vorzubereiten, ist völlig anders als bei uns. Sie bevorzugen jungfräulichen Laich, also Laich, der natürlicherweise in einem Misthaufen vorkommt. Da dieses Material jedoch nicht in ausreichender Menge erhältlich ist, um den Bedarf solch umfangreicher Züchter zu decken, legen sie einen kleinen Teil davon in ein Pilzbeet, um es auszubreiten, und anstatt diesem Beet die Bildung von Pilzen zu ermöglichen, wird alles als Brut verwendet und wird mehr geschätzt als alle anderen. Natürlich gibt es in den alten Beeten reichlich Laich, der jedoch nie direkt genutzt wird. Es wird jedoch häufig zum Laichen eines kleinen Beetes eingesetzt, wenn kein frischer Laich gewonnen werden kann. In diesem Fall wird das für die Laichvermehrung vorgesehene kleine Beet ins Freie gestellt, mit Stroh abgedeckt und sobald es mit dem Laich durchdrungen ist, in die Höhlen getragen und genutzt. Da das Anlegen und Laichen von Beeten ein fortlaufender Prozess ist, muss ein solches Beet jederzeit bereit sein. Es wird nie wie bei uns zu Ziegeln verarbeitet, sondern einfach durch kurzen, teilweise zersetzten Mist ausgebracht. [A]

[A] Herr Speed, der Gartenverwalter von Chatsworth, hat vor kurzem seine eigene Brut, wie auf S. 73 beschrieben , hergestellt und das mit großem Erfolg.

Man sagte mir, Kohlengruben seien nicht für den Pilzanbau geeignet, und selbst das kleinste Eisenteilchen in den Mistbetten werde vom Pilzbrut vermieden, ein Kreis darum herum bliebe inaktiv. Dasselbe soll bei Kohle der Fall sein. Wenn ein böswilliger Arbeiter seinem Arbeitgeber schaden möchte, braucht er nur mit einer Tasche voller alter, rostiger Nägel an den Betten entlangzuschleichen und hier und da einen einzuschlagen.

Abb. 25. Blick in alte unterirdische Steinbrüche, die dem Pilzanbau gewidmet sind und von M. Renaudot bewohnt werden. 29. September 1868.

Die Beete bleiben in der Regel etwa zwei Monate lang in gutem Zustand, manchmal halten sie aber auch doppelt und dreimal so lange. Kürzlich wurde eine nützliche Vorrichtung erfunden, um das Bewässern der Beete zu erleichtern; Es besteht aus einer tragbaren Wasserzisterne, die an der Rückseite festgeschnallt und mit einer Rosette und einem Schlauch versehen wird, so dass ein Arbeiter eine größere Menge Wasser transportieren und es regelmäßiger und sanfter ausbringen kann als mit den altmodischen Gießkannen – während eine Hand frei bleibt, um die Lampe zu tragen. Es wurde auch ein Eisenrahmen erfunden, bei dem das Bett zunächst zusammengedrückt und geformt wird, dann der Rahmen umgedreht und das Bett in Position gebracht wird. Eine weitere Erfindung zur Erdung der Beete, sobald der Laich gewachsen ist, wird, wenn nicht schon geschehen, bald in Betrieb genommen. Da jeden Monat durchschnittlich 2.500 Yards Beete angelegt werden, erweisen sich einfache mechanische Vorrichtungen zur Erleichterung des Arbeitsvorgangs als größter Vorteil für den Landwirt.

Zusätzlich zu den Höhlen in den oben genannten Orten gibt es in der Nähe von Paris noch andere Orte, an denen die Kultur weitergeführt wird – insbesondere in Moulin de la Roche, Sous Bicêtre, in der Nähe von St. Germaine und auch in Bagneux. Die gleichmäßige Temperatur in den Höhlen ermöglicht die Pilzzucht zu jeder Jahreszeit; aber die besten Ernten werden im Winter geerntet, und daher ist dies die beste Zeit, sie zu sehen. Allerdings sah ich im heißesten Teil der sehr heißen Jahreszeit von 1868 reichlich Ernte. Diese Pilzhöhlen stehen unter staatlicher Aufsicht und werden wie alle anderen Minen, in denen gearbeitet wird, regelmäßig inspiziert. Was die Tiefe anbelangt, in der diese Kultur praktiziert wird, so schwankt sie normalerweise zwischen 20 und 100 Fuß, manchmal sogar 150 und 160 Fuß über der Erdoberfläche. Sie sind so groß, dass sich manchmal Menschen darin verirren. In einem Fall verirrte sich der Besitzer einer großen Höhle, und es dauerte drei Tage, bis er entdeckt wurde, obwohl zahlreiche Soldaten und Freiwillige herabgeschickt wurden. Ist es möglich, dass wir in einem großen Bergbau- und Abbauland wie unserem nicht die gleiche Art von Industrie aufbauen können?

Kapitel VII.

Kultur auf vorbereiteten Betten unter freiem Himmel in Gärten und Feldern.

PILZE können problemlos im Freien in Gärten gezüchtet werden; und dies ist eine Phase der Kultur, mit der Gärtner keineswegs ausreichend vertraut sind. Tatsächlich kann man sagen, dass Pilzkulturen unter freiem Himmel in privaten Gärten derzeit nicht existieren und daher sehr selten anzutreffen sind.

In einer kleinen Broschüre über den Pilzanbau, die kürzlich erschienen ist, steht, dass Pilze im Freien „im Sommer" gezüchtet werden dürfen, aber nichts über den Anbau im Freien im Winter. Die Pariser Züchter versuchen ihre Kultur nie im Sommer, die Londoner hingegen nur sehr selten. Im Winter wird der Anbau unter freiem Himmel mit voller Kraft betrieben. Die Gärtner von London und Paris bauen im Freien reichlich Feldfrüchte an. Von ihren Beeten werden sowohl mitten im Winter als auch im Herbst große Mengen Pilze gesammelt. Der Pariser Gärtner versucht die Kultur nicht mitten im Sommer und hält sie nicht für praktikabel; aber im heißen Sommer 1868 und mitten in der Hitze des Julis fand ich in Brompton etwa einen halben Acre Land mit gut tragenden Pilzbeeten bedeckt.

Die folgende Abbildung stammt aus einer Skizze, die im November 1869 auf Gemüsegärten zwischen Kensington und Brompton angefertigt wurde. Die Beete, etwa dreieinhalb Fuß hoch und an der Basis ebenso breit, sind mit langem Stroh oder Einstreu aus Stallmist bedeckt. Darüber werden alte Bastmatten oder ähnliche Materialien gelegt, um die Einstreu an ihrem Platz zu halten und den Regen abzuhalten. Die Matten werden durch Ziegel, Ziegelsteine, alte Bretter oder ähnliche Gegenstände, die zur Hand sind, an ihrem Platz gehalten. Dies ist in meiner Abbildung gut dargestellt.

Abb. 26. Pilzbeete in Gemüsegärten in Earl's Court, Kensington.
November 1869.

Der verwendete Dünger ist der aus den Londoner Ställen, wobei die längere Streu ausgeschüttelt und auf eine Seite gelegt wird, um die Beete abzudecken. Bei der Zubereitung des Düngers wird keinerlei Sorgfalt walten gelassen; er wird normalerweise kurz nach der Heimlieferung und vor dem Erhitzen zu Beeten verarbeitet, und dann werden die Beete in Form von Kartoffelgruben hergestellt und sehr fest gestampft. Die Beete werden bei einer Temperatur von etwa 27 °C gezüchtet, wobei die Brutstücke etwa einen Fuß oder so voneinander entfernt platziert werden, und dann wird sofort die Erde mit normaler Erde bestreut und das Beet bis zu einer Dicke von einigen Zoll bedeckt. Der Erfolg, den die Gemüsegärtner in London und Paris mit der normalen Erde des Ortes, an dem die Beete angelegt werden, erzielt haben, beweist deutlich, dass es absurd ist, nach einer bestimmten Art von Erde zum Bedecken von Pilzbeeten zu suchen. Beete, die auf diese Weise in den Herbst- und Wintermonaten angelegt und mit einer dicken Schicht Streu und Matten bedeckt werden, müssen selten bewässert werden. Die Kultur wird normalerweise nicht im Sommer versucht; Die Hitze, die auf die Streuschicht einwirkt, führt zu Insekten, die die Pilze zerstören. Mit etwas Sorgfalt ist ihre Zucht zu dieser Jahreszeit jedoch durchaus möglich. Als Beweis dafür kann ich anführen, dass ich sie in der letzten Juliwoche 1868 in einem Gemüsegarten gleich neben der Gloucester Road Station der Metropolitan Railway ungehindert geerntet sah. Durch die Verwendung einer etwa 30 cm dicken Streuschicht und darüber einer Schicht Matten war es möglich, sie während des heißesten Sommers seit Menschengedenken in gutem Zustand zu erhalten. In den Gemüsegärten rund um London sind viele Hektar Boden mit Beeten bedeckt, die auf diese Weise angelegt wurden.

Abb. 27. Freigelegtes Ende eines Pilzbeets in einer Pariser Gärtnerei. Januar 1867.

Als nächstes wenden wir uns der Kultur des Pilzes im Freien in der Nähe von Paris zu. In alten Zeiten pflegten die dortigen Gärtner es mit großem Gewinn neben ihren gewöhnlichen Feldfrüchten anzubauen, aber da die Champignonnisten es in den Höhlen ohne Gefahr der Kälte anbauen, bauten die Gärtner es in großem Umfang an im Freien, tun Sie dies jetzt in geringerem Maße. Sie beginnen mit der Vorbereitung des Mists und sammeln den Mist des Pferdes einen Monat oder sechs Wochen lang ein, bevor sie die Betten machen; Dies bereiten sie an einem festen Ort in der Gärtnerei vor und nehmen daraus allen Abfall, Holzstückchen und sonstiges Zeug; denn, sagen sie, die Brut mag diese Körper nicht. Nachdem sie es so sortiert haben, legen sie es in Beete mit einer Dicke von zwei Fuß oder etwas mehr und drücken es mit der Gabel an. Anschließend wird die Masse bzw. das Bett gut ausgestampft, anschließend gründlich gewässert und abschließend noch einmal festgedrückt. In diesem Zustand wird es acht oder zehn Tage lang belassen, bis es zu gären beginnt. Danach sollte das Beet gut umgedreht und an der gleichen Stelle neu gemacht werden, wobei darauf zu achten ist, dass der Mist, der sich in der Nähe befindet, platziert wird Die Seiten des zuerst gemachten Bettes zur Mitte hin beim Wenden und Neumachen. Die Masse wird nun noch etwa zehn Tage lang stehen gelassen. Am Ende dieser Zeit ist der Mist ungefähr in einem geeigneten Zustand, um die Beete anzulegen, auf denen die Pilze wachsen sollen. Dann werden kleine, kammförmige Beete – etwa 60 cm breit und gleich hoch – in parallelen Linien im Abstand von 50 cm voneinander gebildet.

In einem Gemüsegarten können sie sich über eine beträchtliche Fläche erstrecken, wobei ihre Länge von den Wünschen des Züchters bestimmt wird. Wenn die Beete erst einmal eine feste, eng anliegende Struktur haben, beginnt sich der Dünger bald wieder zu erwärmen, wird aber nicht zu heiß für die Ausbreitung des Brutguts. Wenn die Beete einige Tage lang angelegt wurden, laicht der Züchter sie aus, nachdem er sich natürlich vorher vergewissert hat, dass die Wärme angenehm und geeignet ist. Im Allgemeinen wird das Brutgut innerhalb weniger Zoll von der Basis und in einem Abstand von etwa 13 Zoll in der Reihe eingebracht. Einige Züchter legen zwei Reihen ein, die zweite etwa sieben Zoll über der ersten. Dabei wäre es natürlich gut, die Löcher für das Brutgut auf abwechselnde Weise zu machen. Das Brutgut wird in Flocken von etwa drei Fingern Größe eingebracht, und dann wird der Dünger darüber geschlossen und fest darum gedrückt. Danach werden die Beete mit etwa sechs Zoll sauberer Streu bedeckt. Zehn oder zwölf Tage später besuchen die Züchter die Beete, um zu sehen, ob das Brutgut gut angenommen wurde. Wenn sie sehen, dass sich die weißen Fäden im Beet ausbreiten, wissen sie, dass der Brut aufgegangen ist. Wenn nicht, entfernen sie den vermeintlich schlechten Brut und ersetzen ihn durch besseren. Wenn sie jedoch guten Brut verwenden und geübte Hände in dieser Arbeit sind, versagen sie selten in dieser Hinsicht. Wenn sie sehen, dass sich der Brut gut im Beet ausbreitet, bedecken sie die Beete erst dann und nicht vorher mit frischer, süßer Erde bis zu einer Tiefe von etwa einem Zoll. Zur Abdeckung wird einfach der kleine Pfad zwischen den Beeten aufgelockert und die reiche Erde des Gemüsegartens gleichmäßig, fest und glatt mit einer Schaufel aufgetragen. In diesen Beeten im Freien gelingt es ihnen, im Winter Pilze zu fangen. Unmittelbar nachdem die Beete angehäuft wurden, wird eine Abdeckung aus reichlich Streu ausgelegt und zum Schutz dort gelassen. Sie müssen nicht lange warten, bis die Beete voll Früchte tragen, und wenn sie in diesem Zustand sind, hält man es für besser, sie jeden zweiten Tag zu untersuchen und zu ernten, oder sogar jeden Tag, wenn es viele Beete gibt. Und so gedeihen dort hervorragende Pilze, und zwar in großen Mengen. Die einzige weitere erforderliche Aufmerksamkeit besteht darin, die Abdeckung zu erneuern, wenn sie verfault, und in einer sehr trockenen Jahreszeit gelegentlich zu gießen.

Natürlich ist diese Art der Kultivierung in privaten Gärten durchaus möglich – ich habe sie dort jedoch noch nicht gesehen. Wo es ein Pilzhaus oder einen leeren Schuppen gibt, in dem Pilze gezüchtet werden können, besteht weniger Anlass, dies zu tun, aber es gibt viele Orte, an denen solche Annehmlichkeiten nicht vorhanden sind. In jedem Fall ist es wünschenswert, dass Gärtner im Allgemeinen wissen, in welchem Ausmaß diese Phase der Kultivierung in der Umgebung von London und Paris betrieben wird und wie einfach sie durchgeführt wird. Anstelle von Matten wäre es eine

Verbesserung, die Beete mit Planen oder einem anderen billigen Material abzudecken, das die Nässe abhält.

KAPITEL VIII.

KULTUR IN GÄRTEN USW. MIT ANDEREN KULTUREN IM FREIEN.

DIES ist eine Phase der Kultur, die in jedem privaten Garten mit großem Nutzen und fast ohne Kosten und Aufmerksamkeit verfolgt werden kann. Die niedrigen, gratartigen Beete beispielsweise, die sowohl für lange als auch für kurze Stachelgurken, Kürbisse, Zucchini usw. angelegt werden, eignen sich hervorragend für den Anbau von Pilzen unter den Blättern der Pflanzen, für die sie angelegt wurden. Wenn die Brut bald nach dem Anlegen der Beete oder zu einem geeigneten Zeitpunkt im Frühsommer eingesetzt wird, werden die Beete zu gegebener Zeit Früchte tragen. Vielleicht geschieht dies, wenn Pilze in Hülle und Fülle auf den Feldern zu finden sind; aber es gibt Tausende von Gartenbesitzern, die keine Felder haben, auf denen sie Pilze sammeln können, und die sie im Sommer oder Herbst frisch sammeln möchten, wenn sie es sich nicht leisten können, sie im Winter in einer überdachten Struktur anzubauen. Und dies ist nur eine Möglichkeit, wie sie mit Sommergartenfrüchten angebaut werden können, wie aus der folgenden Mitteilung von Mr. Ayres an Field *hervorgeht* :

„Die besten Ernten und Pilze, die ich je gesehen habe, wurden im Freiland und ohne jeglichen Schutz angebaut. Ich werde Ihnen erzählen, wie es dazu kam. Vor einigen Jahren war ich für den Garten eines bekannten Jagdbetriebs in Northamptonshire verantwortlich. Einer der Erfolgsfaktoren war, dass der Mist von durchschnittlich fast fünfzig hochgefütterten Pferden in den Garten gelangte. Der Besitzer bemerkte, dass es, egal was mir sonst noch ausging, genügend ‚Dreck' geben würde. Nun, die besten Jäger wurden im Sommer in Boxen untergebracht, hauptsächlich unter Dach, und in diesen Boxen konnte sich der Mist ansammeln, bis er für die Hufe der Pferde zu heiß wurde; dann musste er unbedingt entfernt werden. Gegen Hochsommer geschah es, dass fast drei Morgen Land von den Frühlingsfrüchten, Spinat, frühen Erbsen, Bohnen usw. befreit worden waren, und ich hatte beschlossen, das ganze Grundstück Winterkohl, Brokkoli, Rosenkohl usw. zu widmen. Der Boden war steil und sehr karg, und deshalb beschloss ich, die Kisten wegzuräumen und den gesamten Mist darauf zu schütten. Er war so reich an Ammoniak, dass die Männer, die ihn verluden, Tränen vergossen, nicht aus Rührung, sondern aus Zwang; und als der Mist auf der Oberfläche verteilt war, war er nicht weniger als einen Fuß dick – so dick, dass der Eigentümer sagte, es sei unmöglich, ihn in den Boden einzugraben. Allerdings wurde an einem Ende des Stücks ein Graben ausgehoben, dreißig Zoll breit und fast einen Fuß tief, der Untergrund wurde mit starken Stahlgabeln aufgebrochen und darauf der Mist, der den nächsten Streifen bedeckte, gelegt und mit der Oberflächenerde des nächsten Grabens bedeckt; und so ging die Arbeit weiter, bis der Mist außer Sichtweite war. Ich möchte anmerken, dass der Mist, insbesondere der um die Wände herum, Anzeichen dafür aufwies, dass er stark mit Pilzmyzel getränkt war, obwohl man nicht davon ausging, dass dies eine Ernte des essbaren Pilzes hervorbringen würde. Während es in Strömen regnete, wurde der Boden sofort mit Kohlgewächsen bepflanzt, die wuchsen, als könnten sie nicht anders als zu wachsen – was sie tatsächlich nicht konnten.

„Wir hatten weder für Pilze gepflanzt, noch wurden Pilze erwartet; Aber als ich eines Morgens Anfang September herumspazierte, präsentierte sich ein Haufen prächtiger Kerle, so groß, dick und kräftig, dass mein *Küchenchef und meine „bessere Hälfte"*, als ich sie zum Frühstück aufnahm, ernsthafte Zweifel hatten, ob sie es waren 'das echte Ding.' Sie wurden jedoch gegessen, und die vorliegende Schrift ist ein Beweis dafür, dass sie mich nicht vergiftet haben. Als ich zum Grundstück zurückkehrte, stellte ich fest, dass es sich bei dem gesammelten Haufen nicht um einen Einzelpilz handelte – im Gegenteil, der Boden war buchstäblich mit Pilzen gepflastert, von denen viele so groß waren, dass innerhalb weniger Stunden Scheffel für Ketchup gesammelt waren; während die Angestellten eines großen Betriebes, bis hin zum niedrigsten Arbeiter, innerhalb von zwei Wochen die Nase voll davon hatten und Wagenladungen auf dem Boden verrotteten.

frischem Mist von gut genährten Pferden gedüngt wird , mit ziemlicher Sicherheit Pilze entstehen; und zweitens, je mehr der Boden mit Pflanzenlaub bedeckt ist, desto sicherer wird die Ernte sein. So fanden wir unter Wirsing und Brokkoli mehr Pilze als unter Rosenkohl – ersterer schützt die Ernte zweifellos vor starken Regenfällen, von denen wir wissen, dass sie der Pilzernte sehr schaden. Seit dieses Beispiel der Pilzzucht vor fast fünfzehn Jahren auftauchte, habe ich den frischen Mist häufig unter einer Reihe Wirsing oder Brokkoli konzentriert und gleichzeitig einen Staub von Pilzbrut oder den Mist eines verbrauchten Pilzbeetes hineingeworfen; und außer in sehr regnerischen Jahreszeiten habe ich es in den Monaten September und Oktober selten versäumt, einen guten Vorrat zu haben. Einen Erfolgspunkt halte ich für unbedingt notwendig, nämlich dass das Wasser jederzeit freien Durchgang durch den Boden haben muss; Daher ist es notwendig, den Boden zu graben, wenn man neben Kohl auch Pilze erwartet."

Selbst in Gärten, in denen Pilze gut in geschlossenen Strukturen gezüchtet werden, sind solche Ergebnisse im Frühherbst oft wünschenswert; An zahlreichen Orten, an denen es unter anderen Umständen nur wenige oder keine Möglichkeiten gibt, sie in Hülle und Fülle zu ernten, sind Feldfrüchte im Garten hingegen sehr willkommen. Nutzen Sie deshalb die alten Pilzbeete!

KAPITEL IX.

PILZKULTUR AUF WEIDEN USW.

UNGEACHTET des extremen Vorkommens des gewöhnlichen Pilzes auf den Wiesen und Weiden der britischen Inseln und wahrscheinlich an ähnlichen Standorten auf der ganzen Welt ist er in vielen Situationen selten, und möglicherweise wären nicht wenige Menschen dazu bereit es kommt in ihren Gebieten häufiger vor. Es gibt nicht selten die Meinung, dass dies nicht möglich sei; dass der Pilz weitgehend ein Zufallsgeschöpf ist und nicht gezüchtet werden kann. Dies ist keine philosophische Vorstellung: Es besteht kein Zweifel daran, dass der Pilz die Ergebnisse des Kampfes ums Überleben genauso gut ertragen muss wie jede andere Pflanzenart. Wenn man bedenkt, dass wir den Laich von den Feldern genommen und ihn mit großem Erfolg in allen möglichen Positionen kultiviert haben, in denen er auf natürliche Weise niemals leben könnte, ist es absurd anzunehmen, dass wir ihn nicht dazu bringen können, in Positionen zu wachsen, die denen seines heimischen genau ähneln Lebensraum. Man findet sie auf offenen, sonnigen Wiesen und Weiden und meidet den Schatten der Bäume. Wie wir gesehen haben, wird sie in dunklen und tiefen Bergwerken angebaut; Dennoch nehmen die Leute an, dass es nicht auf den Weiden angebaut werden kann, auf denen es zufällig nicht zu finden ist. Es wird fälschlicherweise gefolgert, dass es etwas in seiner Konstitution oder Gewohnheit gibt, das dazu führt, dass es ausschließlich an bestimmten Stellen auftritt; aber das könnte man auch von jeder anderen Pflanze sagen. Wir wissen genau, dass Hunderte einheimischer Pflanzen robust genug sind, um fast überall zu wachsen, doch wie viele davon sind nur lokal verbreitet und selten! Auch hier sind viele Pflanzen in einem Bezirk Unkraut und in einem anderen, vielleicht benachbarten, unbekannt.

Wie Rev. MJ Berkeley bemerkt: „Es ist fast sinnlos, auf die, wenn auch sehr verbreitete, Vorstellung hinzuweisen, die diese Erzeugnisse als Geschöpfe des Zufalls oder eines glücklichen Zusammentreffens von Umständen betrachten würde, die ihr Wachstum aus anorganischen Elementen begünstigen.". Es ist wahr, dass sie oft in unerwarteten Situationen auftreten und aufgrund ihrer extrem schnellen Entwicklung den Eindruck erwecken, als könnten sie nicht aus so etwas wie einem Samen entstanden sein. Aber so wie genaue Untersuchungen nun viel Licht auf das Rätsel geworfen haben, das in letzter Zeit um die Entstehung von Darmwürmern ging, so kommen auch die Phänomene, die das Wachstum von Pilzen begleiten, allmählich ans Licht, und es zeigt sich, dass sie im Wesentlichen denselben Gesetzen folgen wie andere perfektes Gemüse." Man kann tatsächlich mit Fug und Recht davon ausgehen, dass Pilze, wie die meisten anderen Pflanzen, nur einen kleinen Raum in der riesigen Fläche des Bodens und Standorts einnehmen, die von Natur aus für ihr Wachstum geeignet sind. In einem Gartenjournal habe ich gelesen, dass „es unmöglich ist, im Freiland Pilze zu ernten". Ich bin mir sicher, dass dies mit fast der gleichen Sicherheit möglich ist wie bei jeder anderen Kultur, vorausgesetzt, wir berücksichtigen bestimmte Bedingungen. Natürlich müssen wir uns an seine natürlichen Bedürfnisse erinnern; Je öfter wir dies tun, desto sicherer ist unser Erfolg. Wir wissen, dass es am häufigsten auf fruchtbaren Hochlandweiden wächst, wo es kein Wasser gibt , und zwar in Verbindung mit dem Wiesenfuchsschwanz, dem Wiesen- und Hartschwingel sowie dem Hahnenfußgras, Klee, Schlüsselblumen, Gänseblümchen, Schafgarbe usw. und auch mit den Disteln (*Cnicus lanceolatus* und *C. arvensis*) und andere Pflanzen, die ähnliche Böden lieben. Wir wissen, dass es selten dort zu finden ist, wo die Sumpf-Federdistel (*Cnicus palustris*), das Büschel-Haargras und andere Sumpfgräser und -pflanzen im Überfluss vorhanden sind, und aufgrund der Anwesenheit oder Abwesenheit dieser Pflanzen können wir uns leicht eine Meinung darüber bilden Positionen, die am besten zu ihm passen. Nun ist es in Gärten seit langem bewiesen, dass es durchaus möglich ist, Pflanzen in einem viel höheren Grad an Perfektion zu kultivieren, als sie jemals in einem wilden Zustand erreichen, und zwar unter völlig anderen Bedingungen, und es ist nicht unwahrscheinlich, dass wir dazu in der Lage sein werden Züchten Sie den gewöhnlichen Pilz in Böden und an Standorten, die weit von denen entfernt sind, in denen er natürlich vorkommt. Aber es gibt keinen Anlass für so etwas. Es liebt gut entwässerte und trockene Weiden und Wiesen, und ist das Land nicht davon bedeckt?

Nachdem wir den Standort ausgewählt haben, an dem wir Pilze züchten möchten, und kein mäßig trockenes Weideland ohne Pilze auskommen muss, ist als nächstes die Bereitstellung des Pilzmyzels zu überlegen. Bisher war dies wahrscheinlich die größte Schwierigkeit. Wenn in den Pilzhäusern eines großen Gartens jährlich Pilzmyzel im Wert von fast 20 *l* verwendet wurde, könnten die Kosten für das Myzelieren einer großen Weide selbst den reichsten pilzliebenden Landbesitzer erschrecken; es besteht jedoch nicht der geringste Grund, das Myzel für diesen Zweck zu kaufen. Jeder Bauer und Landedelmann kann es genauso einfach oder sogar einfacher herstellen als der Myzelhersteller, ohne jegliche Kosten oder Unannehmlichkeiten, wobei das Wesentliche eine Menge ziemlich kurzen Stallmist ist.

Wenn dies in großen Haufen gesammelt wird, ist es einfach, die benötigten Materialien auf einmal zu beschaffen. Wo dies nicht der Fall ist, können einige Ladungen Stallmist, unvermischt mit Langstroh, im Freien zusammengeworfen und für diesen Zweck vorbereitet werden. Es gibt keinen Anlass, es in irgendeiner Art von Schuppen unterzubringen, aber wenn einer zur Hand ist, umso besser. Wenn es im Freien zubereitet wird, sollte es an einem trockenen Ort erfolgen. Die Materialien sollten genau der gleichen Vorbereitung unterzogen werden wie bei der Herstellung eines

Pilzbeetes, wie oben beschrieben. Sie sollten in ein kartoffelgrubenförmiges Beet gelegt und auf die übliche Weise ausgelaicht werden. Für dieses Laichen ist es natürlich notwendig, ein wenig Laich zu beschaffen, sei es selbst gemacht oder beim Sämann gekauft oder in einem, wie die Franzosen es nennen, „jungfräulichen Zustand" im Misthaufen. Auf jeden Fall wird es nicht schwierig sein, auf diese Weise eine oder mehrere Beete zu laichen, zumal nichts dagegen spricht, so viel selbstgemachten Laich auf einmal zu trocknen, wie für ein Jahr oder länger ausreicht. Der Laich sollte durch dieses Beet laufen, das mit einer leichten Prise Erde bedeckt und ziemlich fest gestampft werden sollte. Wenn es das Bett durchdrungen hat, sollte es, kurz bevor es einen tragfähigen Zustand erreicht, bereit sein, als Laich verwendet zu werden. Die Anzahl der auf diese Weise zu laichenden Beete kann je nach der Größe des Geländes, auf dem die Pilze wachsen sollen, begrenzt werden. Dieser Laich kann im Frühsommer auf die Wiesen gelegt werden. Die beste Zeit ist bei mildem Wetter im Mai, und der Laich sollte in Löcher mit einem Abstand von 1,8 bis 3 Metern eingebracht werden.

Die schnellste und beste Methode zum Einbringen ist die sogenannte T-Pflanzung. Dabei schlägt man mit dem Spaten in der Senkrechten des T und dann in der Horizontalen oben an und drückt den Spaten in der letzten Position zurück, um das Einbringen eines oder mehrerer Stücke des Laichs zu erleichtern. Der von mir empfohlene Laich zerfällt normalerweise in kleine Stücke und durchdringt die Erde schneller als die steifen, ziegelartigen Stücke des Aufzuchtlaichs. Nach dem Einbringen des Laichs sollte der Boden mit dem Fuß festgedrückt werden. Was die Tiefe angeht, in der der Laich abgelegt werden sollte, wäre es besser, ihn nicht in eine bestimmte Tiefe zu legen, sondern so, dass ein Stück einer Flocke etwa 15 cm tief ist, während andere die Oberfläche berühren. Dadurch, das muss kaum betont werden, kann der Laich in der Tiefe und bei der für ihn günstigsten Temperatur wachsen. Es wäre am wünschenswertesten, zu leicht unterschiedlichen Zeiten und, wenn möglich, mit unterschiedlichen Laichproben zu laichen: So wäre es beispielsweise gut, eine Mischung aus altem und getrocknetem Laich mit dem frischen Laich aus einem der erwähnten Beete zu verwenden. Wenn dies nicht möglich ist, könnte ein Teil des großen Laichbetts zum Trocknen beiseite gelegt und eine oder zwei Wochen später verwendet werden. Der wahrscheinlich wirtschaftlichste Weg, dies in großem Maßstab durchzuführen, wäre, eine Anzahl Jungen unter Anleitung eines erfahrenen Arbeiters zu beschäftigen.

Es ist kaum wünschenswert, die Kultur auf gepflegten Rasenflächen zu versuchen, denn egal wie geeignet diese dafür sind, das Auftauchen einer großen Pilzernte hätte alles andere als die Tendenz, den Rasenteppich zu verschönern, und würde dadurch wahrscheinlich anstößig werden Geruch.

Das Vorstehende bezieht sich auf den Anbau von Pilzen auf Weiden, Wiesen usw. Es gibt nicht den geringsten Grund, warum eine ähnliche Zuchtmethode nicht auch auf Feldern zwischen grünen Pflanzen gelingen sollte. Da in Gärten unter Brokkoli usw. große Pilzernten erzielt wurden, gibt es überhaupt keinen Grund, warum sie nicht auf die gleiche Weise unter Feldrüben, Mangold usw. angebaut werden könnten. Der Pilzbrut, der von jedem Landwirt so leicht zubereitet werden könnte, könnte problemlos in die Seiten der Furchen eingebracht werden, in denen diese Pflanzen normalerweise angebaut werden. Die leichte Erhöhung, die den Pilzbrut vor übermäßiger Nässe schützt, wird seine Entwicklung fördern und er würde den Dünger in der Furche annehmen und durchdringen. Tatsächlich könnten auf diese und ähnliche Weise mit nur wenig Aufwand ungeheure Mengen gezüchtet werden; und sollten die Felder später angelegt werden, was nicht selten der Fall ist, würde die Weide oder Wiese wahrscheinlich zu einem regelrechten Pilzgebiet werden.

KAPITEL X.

DIE GEMEINSAMEN PILZE.

Agaricus campestris (Echter Wiesenpilz).

DER Wiesenpilz variiert erheblich, aber „allen gemeinsam ist ein fleischiger *Haufen*, der manchmal glatt, manchmal schuppig ist und die Farbe Weiß oder verschiedene Farbtöne von Gelbbraun, Rotbraun oder Braun aufweist; *Kiemen* frei, zunächst blass, dann fleischfarben, dann rosa, dann violett, schließlich gelbbraun-schwarz; der *Stiel* ist weiß, voll, fest, unterschiedlich geformt und mit einem weißen, anhaltenden Ring versehen; die *Sporen* braunschwarz und eine sehr *flüchtige Volva*." – *Badham's Esculent Funguses of England.*

Abb. 28. *Agaricus campestris* (der Echte Wiesenpilz). Weiden, Herbst; Farbe: weiß oder hellbraun; Kiemen, Lachs, zuletzt schwarz; Durchmesser: 3 bis 6 Zoll. Die Sporen sind um das 700fache vergrößert.

Es gibt in England kaum jemanden, der sich nicht kompetent fühlt, die Echtheit eines Pilzes zu beurteilen; seine rosa Lamellen unterscheiden ihn leicht von einem verwandten Pilz, *Ag. arvensis*, dessen Lamellen fleischfarben grau sind, und bei der Ernte von zehntausend Händen kommt ein Fehler nur selten vor; und doch bietet sich kein Pilz in so einer Vielzahl von Formen oder so einzigartig unterschiedlichen Erscheinungsformen an! Die Schlussfolgerung ist klar; weniger Unterscheidungsvermögen als das, das zur

Unterscheidung verwendet wird, würde es jedem, der sich die Mühe macht, ermöglichen, viele dieser essbaren Arten, die jeden Frühling und Herbst unsere Plantagen und Weiden in Hülle und Fülle füllen, auf einen Blick zu erkennen. Dies bleibt auch nicht nur eine Frage der Schlussfolgerung; es wird auf einzigartige Weise durch das bestätigt, was in Rom geschieht; dort werden zwar viele hundert Körbe mit dem, was wir Giftpilze nennen, für den Tisch nach Hause getragen, aber der einzige, den der Inspektor des Pilzmarkts dazu verurteilt, in den Tiber geworfen zu werden, ist unser eigener Pilz; tatsächlich wird es im Kirchenstaat so gefürchtet, dass niemand es wissentlich anrühren würde. „Es gilt als eine der schlimmsten Verwünschungen", schreibt Professor Sanguinetti, „unter unseren niederen Ständen, die für die schreckliche Natur ihrer Eide berüchtigt sind, zu beten, dass man an einem *Pratiolo sterben möge* "; und obwohl es seit einigen Jahren unter den essbaren Pilzen von Mailand und Pavia (aufgrund der Autorität von Vittadini) registriert ist, hat es seinen Weg auf diese Märkte noch nicht gefunden. Mr. Worthington G. Smith relativiert in seinem Werk „Mushrooms and Toadstools" diese Aussage von Dr. Badham.

Agaricus campestris wird in Italien nicht allgemein geschätzt und tatsächlich selten gegessen und erscheint nie auf den Märkten, aus dem einfachen Grund, weil es keinen Verkauf für ihn gäbe. Es gibt einen Erlass, der das Werfen bestimmter Pilze in den Tiber anordnet, aber dieser ist jetzt und schon seit langem völlig außer Kraft gesetzt; Und obwohl es auf den italienischen Märkten reichlich *A. Cæsareus* (angeblich der köstlichste aller Pilze) gibt, ist nicht zu erwarten, dass der Verzehr zugunsten einer anderen, wenig bekannten Art aufgegeben wird.

Zubereitungsarten dieser Art. — „Der Pilz hat dieselben Grundbestandteile wie Fleisch und muss wie Fleisch gekocht werden, bevor sich diese verändern. Der *Ag. campestris* kann auf viele verschiedene Arten zubereitet werden: Er verleiht Suppen ein feines Aroma und verbessert Beef Tea sehr; wo Pfeilwurz und schwache Brühen dem Patienten zuwider sind, kann das einfache Würzen mit etwas Ketchup oft eine angenehme Abwechslung darstellen. Manche braten ihn und begießen ihn mit geschmolzener Butter und weißer (französischer) Weinsauce. In Pasteten und Vols -*au-vents* schmecken sie ebenso ausgezeichnet; in Frikassees sind sie, wie jeder weiß, das wichtigste Element des Gerichts. Roques empfiehlt in allen Fällen, die Lamellen vor dem Anrichten zu entfernen, was zwar zu eleganter aussehenden *Entremets führt*, aber nur dem Auge auf Kosten des Gaumens schmeichelt." — *Badham.*

Agaricus arvensis (Pferdepilz).

„ *Pileus* fleischig, stumpf kegelförmig, dann ausgeweitet, zunächst flockig, dann glatt, gleichmäßig oder rinnsam; *Stängel* hohl, mit flockigem Mark; *Ring* breit, hängend, doppelt, der äußere Teil in Strahlen gespalten; *Kiemen* frei,

vorn breiter, zunächst schmutzig weiß, dann braun, mit rosa Schimmer." –
Berkeley's Outlines of British Fungology.

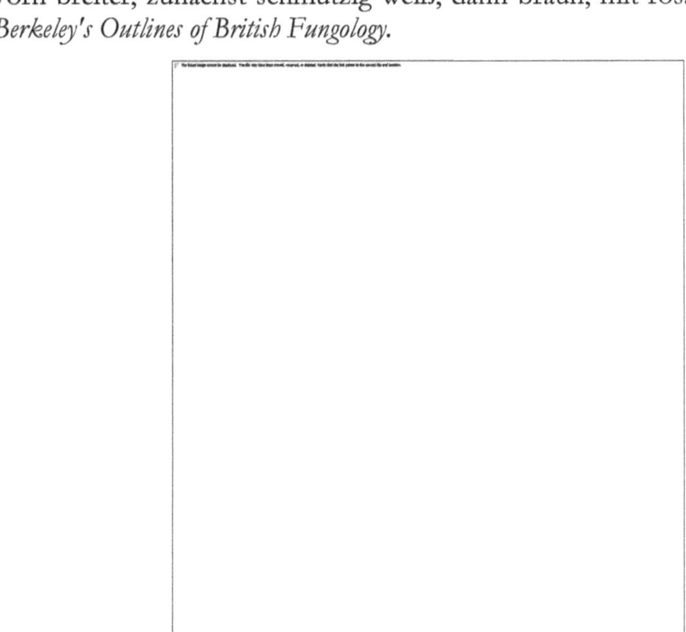

Abb. 29. *Agaricus arvensis* (Pferdepilz). Weiden, im Herbst; Farbe, gelblich;
Kiemen blass, zuletzt schwarz; Durchmesser: 6 bis 24 Zoll.

„Diese Art ist sehr eng mit dem Wiesenchampignon verwandt und wächst
häufig mit ihm zusammen, aber er ist gröber und hat nicht den köstlichen
Geschmack. Er ist normalerweise viel größer und erreicht oft enorme
Ausmaße; er wird bräunlich gelb, sobald er zerbrochen oder gequetscht wird.
Die Oberseite guter Exemplare ist glatt und schneeweiß; die Lamellen sind
nicht rein rosa wie beim Wiesenchampignon, sondern schmutzig bräunlich
weiß und werden schließlich braunschwarz. Er hat einen großen, zerfetzten,
flockigen Ring und der markige Stiel ist eher hohl. Es ist *die* Art, die auf dem
Covent Garden Market zum Verkauf angeboten wird. Tatsächlich habe ich,
obwohl ich den Markt seit vielen Jahren kenne, dort selten eine andere Art
gesehen; wenn der echte Champignon jedoch da *ist* , ist er häufig mit
Pferdechampignons vermischt, was darauf hindeutet, dass die Händler den
einen nicht vom anderen unterscheiden können. An den nassen Herbsttagen
gehen Kinder, Faulenzer und Bettler ein paar Meilen von der Stadt in die
Wiesen, um alles zu sammeln, was sie im Pilzangebot finden können; dann
bringen sie ihren schmutzigen Bestand zum Markt, wo er an modische
Käufer verkauft wird; abgestanden, fad und geschmacklos – es sei denn, es
ist ein schlechtes Getränk.

„Jung und frisch ist der Pferdepilz eine äußerst begehrte Ergänzung auf der Speisekarte: Er ergibt eine reichhaltige Soße und sein Fleisch ist fest und köstlich. Frisch geerntet ist er eine wertvolle Pflanze, aber wenn er abgestanden ist, wird er zäh und ledrig und verliert sein Aroma oder seinen Saft.

„Es gibt eine merkwürdige, große, braune, haarige Art, die eher selten vorkommt und der haarigen Art des Wiesenchampignon, dem *A. villaticus* von Dr. Badham, ähnelt. Es ist eine prächtige Form, aber, glaube ich, sehr selten. Ich habe sie nur einmal gesehen.

„Viele Landbewohner unterscheiden den Wiesenchampignon ohne weiteres vom Pferdechampignon und haben eine Abneigung gegen letzteren, obwohl sie ihn immer gerne als eine der Zutaten für Ketchup ins Glas geben. Über die Vorzüge dieser Art gehen die Meinungen offenbar weit auseinander. Mr. Penrose schreibt: „Ich halte junge und besonders knollenförmige Exemplare davon für sehr unverdaulich; bis sie richtig geöffnet sind, sind sie nicht zum Verzehr geeignet." Das ist jedoch, muss ich sagen, nicht meine Erfahrung mit knollenförmigen Exemplaren.

„Sowohl der Pilz als auch der Laich verströmen einen starken Geruch, und der Boden direkt unter der Oberfläche ist häufig weiß vom Laich. Tritt man auf einer fruchtbaren Wiese, auf der sich viele Gräser aufhalten, Pferdemist beiseite, weist die Erde vom Laich dieser Art häufig eine schneeweiße Färbung auf, aus der man die jungen Exemplare hervorsprießen sehen kann.

„Ich habe einmal gesehen, wie ein Schaf ein großes Exemplar scheinbar mit großer Begeisterung gefressen hat, obwohl der Pilz voller Maden war." – *Worthington G. Smith.*

KAPITEL XI.

ARTEN ZUM KOCHEN DER GEMEINSAMEN PILZE.

DIE folgenden Arten, Pilze zuzubereiten, könnten sich für manche als nützlich erweisen:

Pilze schmoren. – Einen halben Liter große Champignons putzen und sauberreiben; Geben Sie zwei Unzen Butter in eine Schmorpfanne und schütteln Sie sie über dem Feuer, bis sie vollständig geschmolzen ist. Geben Sie die Pilze hinein, einen Teelöffel Salz, die Hälfte des Pfeffers und eine zerstoßene Keule. schmoren, bis die Pilze weich sind, und dann auf einem heißen Teller servieren. Sie werden meist als Frühstücksgericht verschickt, also in Butter zubereitet.

Champignons à la Crême. – Einen halben Liter Champignons putzen und einreiben, zwei Unzen in Mehl gewälzte Butter in einer Schmorpfanne auflösen; dann die Pilze, ein Bund Petersilie, einen Teelöffel Salz, jeweils einen halben Teelöffel weißen Pfeffer und Puderzucker hineingeben, die Pfanne zehn Minuten lang schwenken, dann die Eigelbe von zwei Eiern mit zwei Esslöffeln Sahne verquirlen und nach und nach zu den Pilzen geben; nach zwei oder drei Minuten können Sie sie in der Soße servieren.

Pilze auf Toast. – Geben Sie einen halben Liter Pilze in eine Schmorpfanne und geben Sie zwei Unzen in Mehl gerollte Butter. fügen Sie einen Teelöffel Salz, einen halben Teelöffel weißen Pfeffer, eine gemahlene Muskatblüte und einen halben Teelöffel geriebene Zitrone hinzu; schmoren, bis die Butter vollständig aufgesogen ist, dann so viel weiße *Mehlschwitze hinzufügen* , wie die Pilze befeuchten; Je nach Gericht eine Scheibe Brot in Butter anbraten und, sobald die Pilze weich sind, auf dem Toast servieren.

Pilze einmachen. —— Die kleinen, offenen Pilze eignen sich am besten zum Einmachen. Putzen und reiben Sie sie; geben Sie einen Liter Pilze, drei Unzen Butter, zwei Teelöffel Salz und einen halben Teelöffel Cayennepfeffer und Muskatblüte gemischt in einen Schmortopf und lassen Sie alles zehn bis fünfzehn Minuten dünsten, oder bis die Pilze weich sind; nehmen Sie sie vorsichtig heraus und lassen Sie sie auf einem schrägen Teller gut abtropfen. Wenn sie kalt sind, pressen Sie sie in kleine Töpfe und gießen Sie geklärte Butter darüber. In diesem Zustand sind sie ein bis zwei Wochen haltbar. Wenn Sie sie länger aufbewahren möchten, legen Sie Schreibpapier über die Butter und über das geschmolzene Talg, wodurch sie wirksam viele Wochen haltbar sind, wenn sie an einem trockenen, kühlen Ort aufbewahrt werden.

Zum Einlegen von Pilzen. – Wählen Sie eine Reihe kleiner, gesunder Weidepilze aus, die möglichst gleich groß sind. wirf sie für ein paar Minuten in kaltes

Wasser; dann entleeren Sie sie; Schneiden Sie die Stiele ab und reiben Sie die Außenhaut vorsichtig mit einem feuchten, in Salz getränkten Tuch ab. Dann kochen Sie den Essig und fügen zu jedem Liter zwei Unzen Salz, eine halbe Muskatnussscheibe, eine Drachme Muskatblüte und eine Unze weiße Pfefferkörner hinzu; Legen Sie die Pilze zehn Minuten lang in den Essig über dem Feuer. Anschließend das Ganze in kleine Gläser füllen und darauf achten, dass die Gewürze gleichmäßig verteilt sind. Lassen Sie sie einen Tag stehen und decken Sie sie dann ab.

Eine andere Methode. — Zum Einlegen von Pilzen nehmen Sie nur die Stiele und schneiden, wenn sie noch ganz dicht sind, den Stiel samt Lamellen ab und reiben sie gründlich sauber. Legen Sie sie 48 Stunden lang in Salzwasser und fügen Sie dann Pfeffer und Essig hinzu, in dem schwarzer Pfeffer und etwas Muskatblüte gekocht wurden. Der Essig muss kalt aufgetragen werden. So eingelegt sind sie jahrelang haltbar.

Pilze in Ragout. — Geben Sie etwas Brühe, eine kleine Menge Essig, Petersilie und gehackte Frühlingszwiebeln, Salz und Gewürze in einen Schmortopf. Wenn das Ganze zu kochen beginnt, geben Sie die gesäuberten Pilze hinein. Wenn das Ganze gar ist, nehmen Sie es vom Herd und verdicken Sie es mit Eigelb.

Pilze und Toast. — Die Pilze schälen und die Stiele entfernen. Über kurzer Hitze braten. Wenn die Butter geschmolzen ist, die Pfanne vom Herd nehmen. Den Saft einer Zitrone hineinpressen. Die Pilze noch einmal einige Minuten braten lassen. Salz, Pfeffer, Gewürze und einen Löffel Wasser hinzufügen, in dem eine in Stücke geschnittene Knoblauchzehe eine halbe Stunde lang eingeweicht wurde; schmoren lassen. Wenn die Pilze gar sind, aus Eigelb eine Masse herstellen. Die Pilze auf in Butter gebratenes Brot geben und in die bereitstehende Schüssel legen.

Champignons im Ofen. — Die Pilze leicht schälen und in Stücke schneiden. In gebuttertes Papier geben und mit etwas Butter, Petersilie, Frühlingszwiebeln, gehackten Schalotten, Salz und Pfeffer bestreuen. Auf dem Rost über einem kleinen Feuer anbraten und in den Förmchen servieren.

Pilze à la provençale. — Nehmen Sie Pilze von guter Größe. Entfernen Sie die Stiele und legen Sie sie in Olivenöl ein. Schneiden Sie die Stiele mit einer Knoblauchzehe und etwas Petersilie auf. Fügen Sie Wurstfleisch und zwei Eigelb hinzu, um sie zu verbinden. Servieren Sie die Pilze und garnieren Sie sie mit der Farce. Beträufeln Sie sie mit feinem Öl und bereiten Sie sie im Ofen oder in einem *Four de Campagne zu* .

Gebackene Champignons. — Schälen Sie die Spitzen von zwanzig Pilzen, schneiden Sie einen Teil der Stiele ab und wischen Sie sie sorgfältig mit einem in Salz getauchten Stück Flanell ab. Legen Sie die Pilze in eine Blechform,

geben Sie auf jeden ein kleines Stück Butter und würzen Sie sie mit Pfeffer
und Salz. Stellen Sie die Form in den Ofen und backen Sie sie zwanzig
Minuten bis eine halbe Stunde. Wenn sie fertig sind, legen Sie sie hoch in die
Mitte einer sehr heißen Form, gießen Sie die Soße darum und servieren Sie
sie schnell und so heiß wie möglich.

Überbackene Pilze. — Nehmen Sie zwölf große Pilze mit einem Durchmesser
von etwa zwei Zoll, schälen Sie die Stiele, waschen Sie die Pilze und lassen
Sie sie auf einem Tuch abtropfen; schneiden Sie die Stiele ab und hacken Sie
sie. Geben Sie eine Unze Butter und eine halbe Unze Mehl in einen Quart-
Schmortopf; rühren Sie zwei Minuten lang über dem Feuer; geben Sie dann
einen halben Liter Brühe hinzu; rühren Sie, bis die Menge auf die Hälfte
reduziert ist. Lassen Sie die gehackten Stiele der Pilze gründlich in einem
Tuch abtropfen; geben Sie sie mit drei Esslöffeln gehackter und gewaschener
Petersilie, einem Esslöffel gehackter und gewaschener Schalotte, zwei Prisen
Salz und einer kleinen Prise Pfeffer in die Soße; lassen Sie sie acht Minuten
lang auf starker Hitze köcheln; geben Sie zwei Esslöffel Öl in eine *Bratpfanne*
; legen Sie die Pilze mit der hohlen Seite nach oben hinein; füllen Sie sie mit
den feinen Kräutern und streuen Sie leicht einen Esslöffel Raspeln darüber;
stellen Sie sie zehn Minuten lang in einen zügigen Ofen und servieren Sie sie.

Pilz Suppe. —Nehmen Sie eine gute Menge Pilze, schneiden Sie das erdige
Ende ab, pflücken Sie sie und waschen Sie sie. Mit etwas Butter, Pfeffer und
Salz in etwas guter Brühe schmoren, bis sie weich sind. Nehmen Sie sie
heraus und schneiden Sie sie ganz klein. Bereiten Sie eine gute Brühe wie für
jede andere Suppe vor und geben Sie diese zu den Pilzen und dem Schnaps,
in dem sie gedünstet wurden. Kochen Sie alles zusammen und servieren Sie
es. Wenn Sie eine weiße Suppe wünschen, verwenden Sie die weißen
Champignons und eine gute Kalbsbrühe und fügen je nach Farbe einen
Löffel Sahne oder etwas Milch hinzu.

Die folgenden „Familienbelege“ wurden von einem Freund mitgeteilt:

Reinigen Sie etwa ein Dutzend davon medium-size, geben Sie zwei bis drei
Unzen schön sauberes Rindfleischfett in die Bratpfanne und dazu einen
Esslöffel oder mehr schöne Rindfleischsoße. Stellen Sie die Pfanne auf ein
schwaches Feuer und geben Sie, während das Bratenfett schmilzt, die Pilze
hinein. Fügen Sie nach Belieben Salz und Pfeffer hinzu. In wenigen Minuten
sind sie gar, und wenn sie in der Soße eingeweicht und auf einer heißen Platte
serviert werden, ergeben sie ein köstliches Gericht. Wenn keine Soße
vorhanden ist, kann stattdessen eine *Suppe „Extractum Carnis“ verwendet werden.*

Pilze mit Speck. —Nehmen Sie ein paar ausgewachsene Pilze, säubern Sie sie,
besorgen Sie sich ein paar Scheiben schönen, durchwachsenen Speck und
braten Sie ihn wie gewohnt an. Wenn es fast fertig ist, fügen Sie etwa ein
Dutzend Pilze hinzu und braten Sie sie langsam an, bis sie gar sind. Dabei

absorbieren sie das gesamte Fett des Specks und ergeben mit der Zugabe von etwas Salz und Pfeffer ein äußerst appetitliches Frühstücksrelish.

Pilzstiele sind , wenn sie jung und frisch sind, ein hervorragendes Gericht für diejenigen, die nicht das Privileg haben, Pilze zu essen. Reiben Sie sie gründlich sauber, waschen Sie sie in Salzwasser und schneiden Sie sie in Schilling dicke Scheiben. Geben Sie sie dann in einen Topf mit ausreichend Milch, damit sie weich werden. Geben Sie ein Stück Butter und etwas Mehl zum Andicken hinzu und würzen Sie mit Salz und Pfeffer. Servieren Sie das Gericht auf einem Toast in einer warmen Schüssel und fügen Sie ein paar Stücke geröstetes Brot hinzu. Dies ergibt ein leichtes und sehr delikates Abendessen und ist keine schlechte Soße zu gekochtem Geflügel.

KAPITEL XII.

EINIGE DER HÄUFIGSTEN UND NÜTZLICHSTEN ESSBAREN PILZE.

„Ganze Zentner voll reichhaltiger, gesunder Nahrung verrotten unter den Bäumen; Wälder wimmeln von Nahrungsmitteln und keine Hand ist da, um sie einzusammeln; und das vielleicht inmitten von Kartoffelfäule, Armut und Entbehrungen aller Art und öffentlichen Gebeten gegen eine drohende Hungersnot."

Badham.

WERTVOLL der gewöhnliche Pilz auch ist, es ist unbestreitbar, dass nicht wenige andere Arten auch ein ausgezeichnetes Essen liefern können. Daher werden Zahlen zu den am weitesten verbreiteten, nützlichsten und am leichtesten erkennbaren Arten essbarer Pilze sowie zu den gewöhnlichen Pilzen in unseren Gärten und Märkten angegeben. Diese Figuren wurden von Herrn WG Smith bewundernswert gezeichnet und werden von scheinbar den zufriedenstellendsten Darstellungen der erhältlichen Charaktere und Eigenschaften begleitet. Die Sporen, die die Figuren begleiten, sind gleichmäßig auf siebenhundert Durchmesser vergrößert.

Marasmius oreades (Feenring-Champignon).

Pileus glatt, fleischig, konvex, subumbonat, im Allgemeinen mehr oder weniger zusammengedrückt, zäh, lederartig, elastisch, faltig; wenn es mit Wasser gesättigt ist, braun; im trockenen Zustand von gelbbrauner oder cremefarbener Farbe, wobei der Umbo oft rotbraun bleibt, als ob er verbrannt wäre; *Kiemen* frei, entfernt, ventrikös, von der gleichen Farbe wie der Pileus, aber blasser; *Stängel* gleich, fest, gedreht, sehr zäh und faserig, von blasser, seidenweißer Farbe.

Abb. 30-1. *Marasmius oreades* (Feenring-Champignon). Weiden, Straßenränder und Hügel im Herbst; Farbe, hellbraun; *Kiemen breit und weit auseinander* ; Durchmesser: 1 bis 2 Zoll.

Abb. 30–2. *Marasmius urens* (Falscher Champignon). Wälder und Weiden im Herbst; Farbe, hellbraun; *Kiemen schmal und zusammengedrängt* ; Durchmesser: ½ Zoll bis 1½ Zoll.

Der Ringelpilz ist ein wertvoller kleiner Pilz und kommt auf fast jedem Rasen vor. Auf hügeligen Weiden erscheint es im Allgemeinen in breiten braunen Flecken, die entweder kreisförmig sind oder einen Teil eines Kreises bilden.

M. urens , der schärfste aller verwandten Pilze, wächst normalerweise in Wäldern, manchmal jedoch auch im Feenring. Aufgrund seiner flachen Oberseite und der schmalen, dicht gedrängten Kiemen ist er jedoch überall leicht zu erkennen.

Meinungen über die Vorzüge von Marasmius oreades als essbarer Pilz. — „Auf dem Kontinent gilt diese Art seit langem als essbar, aber aufgrund ihrer lederartigen Textur wird sie getrocknet und in Pulverform zum Würzen verschiedener Fertiggerichte verwendet." – *Dr. Greville.*

„Der Gewöhnliche Ringelpilz ist der beste aller unserer Pilze, doch kaum einer von tausend Menschen wagt es, ihn zu verwenden. Bei allgemeiner Beobachtung muss diesbezüglich kein Fehler gemacht werden. Es hat einen äußerst feinen Geschmack und ergibt vielleicht den allerbesten Ketchup, den es gibt." – *Rev. MJ Berkeley.*

„Ein ausgezeichneter Geschmack, so gut wie der der meisten Pilze." – *Dr. Badham.*

Zubereitungsarten von Marasmius oreades. - Allgemeiner Gebrauch. „In kleine Stücke geschnitten und gewürzt eignet es sich hervorragend als Beilage zu Eintöpfen, Haschisch oder gebratenem Fleisch, sollte aber erst wenige Minuten vor dem Servieren hinzugefügt werden, da das Aroma durch übermäßiges Garen verloren geht. Es ist der Pilz, der in den französischen *À-la-mode* -Rindfleischgeschäften in London verwendet wird." – *Dr. Badham.*

Beim Schmoren benötigen die Champignons etwas mehr Zeit, bis sie perfekt zart sind. Sie lassen sich leicht trocknen, indem man die Stängel vom Pilz entfernt, sie an einer Schnur auffädelt und sie an einem trockenen, luftigen Ort aufhängt. „Wenn es getrocknet ist, kann es jahrelang aufbewahrt werden, ohne etwas von seinem Aroma oder seiner Güte zu verlieren, die im Gegenteil durch den Prozess verbessert wird, so dass es dem Gericht tatsächlich mehr Geschmack verleiht, als es sonst der Fall gewesen wäre der frische Pilz; Allerdings lässt sich nicht leugnen, dass das Fleisch dann lederartig (oder zäh) wird und weniger leicht verdaulich ist." – *Dr. Badham.*

Champignonpulver. —— Geben Sie die Champignons mit etwas Muskatblüte, ein paar Nelken und einer Prise weißem Pfeffer in eine Schmorpfanne. Köcheln lassen und ständig schütteln, um ein Anbrennen zu verhindern, bis eventuell austretende Flüssigkeit wieder eingetrocknet ist. In einem warmen Ofen gründlich trocknen, bis sie sich leicht pudern lassen. Geben Sie den getrockneten Pilz oder das Pulver in weithalsige Glasflaschen und lagern Sie ihn an einem trockenen Ort. Es bleibt beliebig lange haltbar. Ein Teelöffel davon kurz vor dem letzten Kochen zu einer Suppe, Soße oder Soße hinzugegeben wird, ergibt ein sehr feines Pilzaroma.

Eingelegte Champignons. – Sammle frische Knöpfe des Feenringpilzes und verwende sie sofort. Schneiden Sie die Stiele ganz nah ab und werfen Sie sie dabei jeweils in eine Schüssel mit Wasser, in das Sie einen Löffel Salz gegeben haben. Lassen Sie sie anschließend schnell abtropfen und legen Sie sie zum Trocknen auf ein weiches Tuch. Für jeden so zubereiteten Liter Knöpfe nehmen Sie fast einen Liter hellen Weißweinessig und fügen dazu einen gehäuften Teelöffel Salz, eine halbe Unze ganzen weißen Pfeffer, eine Unze gequetschte Ingwerwurzel und zwei große Blätter hinzu Muskatblüte und ein

Viertel Salzlöffel Cayennepfeffer, gebunden in ein kleines Stück Musselin. Wenn diese Gurke kocht, werfen Sie die Pilze hinein und kochen Sie sie darin über einem klaren Feuer mäßig schnell, sechs bis neun Minuten lang. Wenn sie einigermaßen weich sind, füllen Sie sie in *warme* Weithalsflaschen und verteilen Sie das Gewürz gleichmäßig darauf . Wenn es vollkommen kalt ist, verkorken Sie es gut oder binden Sie Häute und Papier darüber. An einem trockenen Ort aufbewahren und vor Frost schützen.

Ausgewachsene Champignons können genauso eingelegt werden, müssen aber länger gekocht werden, bis sie tatsächlich zart sind. — *Abgeändert von Miss Acton.*

Champignons schnell eingelegt. - Geben Sie die vorbereiteten Knöpfe in Flaschen mit einer Keule, einem Teelöffel Pfefferkörner und einem Teelöffel Senfkörner hinein und bedecken Sie sie mit kochend heißem Essig aus kräftigem Weißwein. Wie zuvor verkorken oder festbinden, aber nicht damit rechnen, dass sie länger als drei Monate haltbar sind.

Agaricus procerus (der Parasol-Agaric).

Abb. 31. *Agaricus procerus* (Schuppenpilz). Weiden usw. im Herbst; Farbe, hellbraun-braun; Durchmesser: 5 bis 12 Zoll.

Pileus fleischig, in jungen Jahren eiförmig, dann glockenförmig und anschließend ausgeweitet und gebuckelt (stumpf spitz), mit einem Durchmesser von drei bis sieben Zoll. Nagelhaut mehr oder weniger braun, ganz über dem Umbo, aber in Flecken oder Schuppen zerrissen, die sich immer mehr lösen, je weiter sie sich dem Rand nähern. Fleisch weiß. *Kiemen* sind nicht mit dem Stiel verbunden und an einem Kragen am Haufen befestigt, der die Spitze umgibt. *Ring* hartnäckig, locker am Stiel. *Der Stängel* ist sechs bis acht Zoll hoch und verjüngt sich von einer birnenförmigen Knolle an der Wurzel nach oben. Er ist hohl mit losem Mark, weißlichbraun, aber mehr oder weniger bunt mit kleinen, dicht zusammengedrückten Schuppen.

Wenn ein Blätterpilz an *einem langen Stiel* , der *an der Basis vergrößert ist* , eine trockene, mehr oder weniger *schuppige Kutikula* , eine dunkler gefärbte, *gewölbte Spitze* , *einen beweglichen Ring* und *weiße* Lamellen aufweist, muss es sich um *Agaricus procerus* , den Parasolpilz, handeln, und er kann ohne Bedenken gesammelt und gegessen werden. Wenn das weißliche Fleisch dieses Blätterpilzes gequetscht wird, nimmt es eine hellrötliche Farbe an.

Es gibt nur zwei andere Pilze, die ihm überhaupt ähneln, und beide sind essbar. Eine etwa gleich große Art ist *Agaricus rachodes* . Es wird im Allgemeinen nicht als so gut im Geschmack angesehen wie *A. procerus* . Frau Hussey sagt jedoch deutlich: „Wenn *Agaricus procerus* der König der essbaren Pilze ist, ist *Agaricus rachodes* ein ausgezeichneter Vizekönig." Der andere ist der *Agaricus excoriatus* , ein sehr viel kleinerer Pilz mit einem schlankeren Wuchs, einem kürzeren Stiel und keiner echten Zwiebel an der Basis. Dieser elegante kleine Pilz eignet sich auch sehr gut zum Essen.

Der Parasolpilz hat ein sehr breites Wuchsspektrum. Es handelt sich um einen weit verbreiteten Pilz, der *auf dem gesamten Kontinent sehr gefragt ist* .

Meinungen zu den Vorzügen von Agaricus procerus als Speisepilz. – „Ein äußerst ausgezeichneter Pilz mit einem delikaten Geschmack, und er muss als eine äußerst nützliche Art angesehen werden." – *Rev. MJ Berkeley.*

„Wären seine hervorragenden Eigenschaften hier besser bekannt, wäre es sicher ein allgemeiner Anklang in unseren besten Küchen und ein häufiger Platz unter unseren Beilagen." – *Dr. Badham.*

„Wenn es einmal ausprobiert wird, muss es auch den anspruchsvollsten gefallen." – *Worthington G. Smith.*

Es besteht kein Zweifel daran, dass der Parasolpilz, wenn er jung und schnell gewachsen ist, ein köstlicher Pilz ist. Er hat einen leichten und delikaten Geschmack ohne die schwere Fülle, die ein gewöhnlicher Feldpilz auszeichnet. Der Autor hat viele Menschen dazu überredet, es zu versuchen;

Ausnahmslos allen hat es gefallen, viele hielten es für völlig ebenbürtig und einige bezeichneten es als überlegen gegenüber dem gewöhnlichen Pilz.

Zubereitungsarten des Agaricus procerus. – Gegrillter Procerus. —Entfernen Sie die Schuppen und Stiele von den Pilzen und braten Sie sie einige Minuten lang leicht über einem klaren Feuer auf beiden Seiten. Ordnen Sie sie auf einem Teller über frisch zubereitetem, gut verteiltem Toast an. Mit Pfeffer und Salz bestreuen und jeweils ein kleines Stück Butter darauf geben; Vor ein starkes Feuer stellen, um die Butter zu schmelzen, und schnell servieren.

Wenn der Häusler seinen Speck über den gebratenen Pilzen rösten würde, würde die Butter gespart.

Fein gedünstete Blätterpilze. — Entfernen Sie die Stiele und Schuppen von jungen, halb ausgewachsenen Blättern und werfen Sie jedes davon in eine Schüssel mit frischem Wasser, das leicht mit Zitronensaft oder etwas gutem Essig angesäuert ist. Wenn alle Blätter fertig sind, nehmen Sie sie aus dem Wasser und geben Sie sie mit einem ganz kleinen Stück frischer Butter in einen Schmortopf. Mit weißem Pfeffer und Salz bestreuen und etwas Zitronensaft hinzufügen; fest zudecken und eine halbe Stunde dünsten lassen. Dann einen Löffel Mehl und ausreichend Sahne oder Sahne und Milch hinzufügen, bis das Ganze die Konsistenz von Sahne hat. Abschmecken und erneut sanft dünsten, bis die Blätterpilze vollkommen zart sind. Die gesamte Butter von der Oberfläche entfernen und in einem heißen Gericht servieren, garniert mit Zitronenscheiben.

Ein wenig Muskatblüte, Muskatnuss oder Ketchup können hinzugefügt werden; manche meinen jedoch, dass Gewürze den Pilzgeschmack verderben.

Cottager's Procerus Pie. – Schneiden Sie frische Pilze in kleine Stücke und bedecken Sie den Boden einer Kuchenform. Pfeffern, salzen und auf kleine Stücke frischen Specks legen, dann eine Schicht Kartoffelpüree darauflegen und so die Form Schicht für Schicht mit einer Schicht Kartoffelpüree für die Kruste füllen. Eine halbe Stunde lang gut backen und vor dem schnellen Anzünden bräunen.

A la Provençale. — „Zwei Stunden lang in etwas Salz, Pfeffer und etwas Knoblauch ziehen lassen; Dann in einer kleinen Schmorpfanne über einem lebhaften Feuer anbraten, mit gehackter Petersilie und etwas Zitronensaft.“ – Dr. Badham.

Pilzketchup. – Legen Sie möglichst große Pilze, die nicht wurmstichig sind, Schicht für Schicht in eine tiefe Pfanne und bestreuen Sie jede Schicht beim Einlegen mit etwas Salz. Am nächsten Tag mehrmals gut umrühren, damit sie zerstampfen und entsaftet werden. Am dritten Tag den Likör abseihen, abmessen und zehn Minuten kochen lassen und dann zu jedem halben Liter

Likör eine halbe Unze schwarzen Pfeffer, eine viertel Unze geriebene Ingwerwurzel, eine Keule Muskatblüte usw. hinzufügen eine oder zwei Nelken und einen Teelöffel Senfkörner. Nochmals eine halbe Stunde kochen lassen; Geben Sie zwei oder drei Lorbeerblätter hinein und stellen Sie es beiseite, bis es ziemlich kalt ist. Durch ein Sieb passieren und in Flaschen abfüllen. Gut verkorken und die Enden in Harz tauchen. Ein wenig Chili-Essig ist eine Verbesserung, und manche fügen jeder Flasche ein Glas Portwein oder ein Glas Starkbier hinzu.

Man sollte darauf achten, dass das Gewürz nicht so reichlich zugegeben wird, dass es den wahren Geschmack des Blätterpilzes überdeckt. Ein sorgfältiger Koch wird etwas von der einfachen Brühe zurückhalten, um dieser Gefahr vorzubeugen; ein guter Koch wird sie immer vermeiden. „Ärzte wägen ihre Sachen ab", sagte ein hervorragender Koch, „aber ich gehe nach Geschmack." Aber wie Dichter müssen gute Köche dieser Art dazu geboren werden; man kann sie nicht dazu machen.

Coprinus comatus (der Mähnenblätterpilz).

Pileus zylindrisch, stumpf, glockenförmig, in der Mitte fleischig, aber zum Rand hin sehr dünn. Die äußere Oberfläche zerfiel bald in flauschige Schuppen, mit Ausnahme einer Kappe an der Oberseite. *Kiemen* frei, linear und überfüllt. In jungen Jahren ziemlich weiß, wird vom Rand aufwärts rosa, sepiafarben und dann schwarz. Dann dehnen sie sich schnell aus, rollen sich in Fetzen zusammen und zerfließen zu einer schwarzen, tintenartigen Flüssigkeit, die den Boden verfärbt. Der *Stiel* ist reinweiß, 10 bis 12 cm hoch, an der Spitze zusammengezogen und an der Basis bauchig. Hohl, faserig, mit einem leichten Baumwollnetz gefüllt. Die Knolle ist massiv und wurzelnd, der Ring ist beweglich.

Abb. 32. *Coprinus comatus* (Mähnenpilz). Weiden, Parks und Straßenränder, Sommer und Herbst; Farbe, schneeweiß; Höhe: 5 bis 12 Zoll.

Dieser sehr elegante Pilz wird auch *Ag genannt. cylindricus* , Schœff; *Ag. Typhus* , Bull; und *Ag. fimetarius* , Bolzen. Sie kommt in den Sommer- und Herbstmonaten häufig an Straßenrändern, Weiden und Brachflächen vor. Es ist äußerst variabel in der Größe. Sein allgemeines Erscheinungsbild ist so deutlich und auffällig, dass er unmöglich mit einem anderen Pilz verwechselt werden kann. Er wächst so reichlich auf Brachland in den Häusern und auf den Bauernhöfen, dass man ihn, sagt Dr. Bull, den „Agaric der Zivilisation" nennen könnte; und aus diesen beiden Gründen ist es als essbarer Pilz äußerst wertvoll. Wenn seine Vorzüge bekannt wären, würde er genauso häufig gegessen werden wie der Feldpilz.

„Die Mähnenpilze", hat Miss Plues treffend gesagt, „wachsen in dichten Büscheln, jede junge Pflanze wie ein dünnes Ei, weiß und glatt." Gegenwärtig übertreffen einige die anderen an Geschwindigkeit des Wachstums, und ihre Köpfe ragen über den Boden hinaus, der Stiel verlängert sich schnell, der Ring fällt locker um den Stiel, der Rand des Haufens vergrößert sich und der ovale Kopf nimmt eine Glockenform an; dann breitet sich ein schwacher

Braunton überall oder in Flecken über den oberen Teil des Haufens aus, und das Weiß seiner Kiemen wechselt zu einem matten Rosa. Noch ein paar Stunden, und der gleichmäßige Kopf des Pileus ist an einem Dutzend Stellen gespalten, die Abschnitte rollen sich zurück, verschmelzen aus allen Formen zu einer tintenfarbenen Flüssigkeit, und im Morgengrauen wird nur noch ein schwarzer Fleck auf dem Boden übrig bleiben. Und so weiter mit den anderen nacheinander."

Meinungen zu den Vorzügen von Coprinus comatus als Speisepilz. – „Esculent, wenn jung." – *Berkeley.*

„Es sollten junge Exemplare ausgewählt werden." – *Badham.*

„Kein verabscheuungswürdiges Gericht, auch wenn es dem gewöhnlichen Pilz vielleicht nicht ganz ebenbürtig ist." – *MC Cooke.*

„Wenn ich die Wahl hätte, glaube ich, dass es keine Art gibt, die ich dieser vorziehen sollte: Sie ist einzigartig reichhaltig, zart und köstlich." – *Worthington G. Smith.*

Dr. M'Cullough, Dr. Chapman, Elmes Y. Steele, Esq. und einige andere Mitglieder des Woolhope Clubs vertreten die Meinung von Herrn WG Smith als Ergebnis beträchtlicher Erfahrung. Es muss jedoch beachtet werden, dass dieser Pilz, wenn er zu jung ist, eher wenig Geschmack hat und seine Fasern zäh sind. Sein Geschmack ist am intensivsten und seine Textur am zartesten, wenn die Kiemen eine rosa Farbe mit sepiafarbenen Rändern aufweisen.

Zubereitungsarten für Coprinus comatus: Die beste und einfachste Methode ist, ihn zu grillen und wie üblich auf Toast zu servieren. Er kann auch sehr gut Steaks und Fertiggerichten zugegeben werden, um Geschmack und Soße zu verleihen.

Comatus-Suppe. — Nehmen Sie zwei Liter weiße Brühe und geben Sie grob zerkleinerten Mähnenblätterpilz auf einen großen Teller. Kochen Sie, bis er weich ist. Passieren Sie das Fruchtfleisch durch ein feines Sieb. Fügen Sie nach Belieben Pfeffer und Salz hinzu. Kochen Sie das Gericht und servieren Sie es heiß. Zwei oder drei Esslöffel Sahne schmecken noch besser.

Die Pilze für diese Suppe sollten jung sein, damit sie ihre Farbe hell und gut behalten. Der Mähnenpilz ist für die Zubereitung von Ketchup allgemein empfehlenswert, allerdings sollte er auch hier schnell verwendet und der Ketchup schnell zubereitet werden.

Agaricus gambosus (der echte Georgspilz).

Pileus dick und fleischig, zunächst konvex, oft gelappt, dann wellig und unregelmäßig, sich ungleichmäßig ausdehnend; der Rand ist mehr oder weniger eingerollt und zunächst flockig; von drei bis vier Zoll Durchmesser; von hellgelber Farbe in der Mitte, die an den Rändern zu fast undurchsichtigem Weiß verblasst; es fühlt sich weich an; mehr oder weniger tuberkulös und häufig rissig. *Kiemen* gelblich-weiß, wässrig, schmal, gerandet, mit einem kleinen Zahn am Stiel befestigt: Sie sind sehr zahlreich und unregelmäßig, mit vielen kleineren dazwischen, „liegen übereinander wie die Zöpfe einer Rüsche" (von 5 bis 11). , Vittadini). *Stängel* fest, fest und weiß, bei jungen Exemplaren an der Basis geschwollen; aber bei älteren Exemplaren sind sie, obwohl sie gewöhnlich gewölbt sind, häufig von gleicher Größe, und wenn sie sich im hohen Gras befinden, verjüngen sie sich gelegentlich sogar nach unten. Dieser Pilz ist normalerweise fast weiß, glatt, weich und fest, fühlt sich wie Ziegenleder an und ähnelt, wie Berkeley gerne sagte, „im Aussehen einem Cracknel-Keks sehr."

Sie wachsen ringförmig, haben einen starken Geruch und erscheinen um den Georgstag (23. April) nach den Regenfällen, die normalerweise in der dritten Aprilwoche fallen. Je nach Jahreszeit erscheinen sie drei bis vier Wochen lang. Normalerweise findet man sie auf hügeligen Weiden in Waldgebieten.

Der St.-Georgs-Pilz kann kaum mit anderen Pilzen verwechselt werden. Die Tatsache, dass er zu dieser frühen Jahreszeit auftaucht und so frei in Ringen wächst, während so wenige andere Pilze zu finden sind, reicht fast aus, um ihn zu unterscheiden. Er weist jedoch sehr charakteristische Merkmale auf, wie die Dicke seines Hutes, die Enge seiner Lamellen, die sehr dicht beieinander liegen, und den festen, gewölbten Stiel.

Abb. 33. *Agaricus gambosus* (St.-Georgs-Pilz). Weiden *im Frühjahr* ; Farbe cremefarben; Durchmesser 4 bis 6 Zoll.

Der St.-Georgs-Pilz ist in diesem Land kein seltener Pilz, und wo er vorkommt, ist er normalerweise in großer Menge vorhanden – ein einziger Ring ergibt normalerweise einen guten Korb voll. Er sollte jung gesammelt werden, sonst wird er von Maden zerfressen aufgefunden, denn kein Pilz wird schneller und gefräßiger von Insekten befallen als dieser.

Meinungen über die Vorzüge von Agaricus gambosus als Speisepilz. – „Dieser seltene und köstlichste Pilz, der *Mouceron* von Bulliard und der *Agaricus prunulus* anderer Autoren, kommt auf den Hügeln über dem Tal von , in der Nähe von Bobbio, reichlich vor, wo er Staffora*Spinaroli* genannt wird , und ist sehr begehrt; Die Landbevölkerung isst es auf verschiedene Weise frisch oder getrocknet und verkauft es für zwölf bis sechzehn Francs pro Pfund." – *Brief von Professor Balbi an Persoon.*

„Der schmackhafteste Pilz, den ich kenne ... und der zu Recht auf fast dem gesamten europäischen Kontinent als das *Nonplusultra* der kulinarischen Friandise gilt."

„Der *Prunulus* (*Gambosus*) ist auf dem römischen Markt sehr begehrt, wo er frisch leicht dreißig Baiocchi einbringt – *also* fünfzehn Pence pro Pfund – eine hohe Summe für jeden Luxus in Rom. Er wird in kleinen Körben als Geschenk an Gönner, als Honorar an Ärzte und als Bestechungsgeld an römische Anwälte verschickt." – *Dr. Badham.*

Beim *Agaricus gambosus* „kann man sich kaum irren. Er erreicht manchmal eine große Größe, hat ein ausgezeichnetes Aroma und ist besonders gesund." – *Rev. MJ Berkeley.*

Art der Zubereitung von Agaricus gambosus. „*Die beste Art , Agaricus gambosus* zuzubereiten, besteht darin, ihn entweder zu zerkleinern oder zu frikassetieren, mit jeder Art von Fleisch oder in einem *Vol-au-Vent* , wodurch der Geschmack erheblich verbessert wird; oder einfach mit Salz, Pfeffer und einem kleinen Stück Speck, Schmalz oder Butter zubereitet, um ein Anbrennen zu verhindern, ist es an sich schon ein ausgezeichnetes Gericht." – *Dr. Badham.* „Mit weißer Soße serviert ist es eine hervorragende Ergänzung zu Kalbsbraten." – *Edwin Lees.* Es kann gegrillt, gedünstet oder gebacken werden.

Frühstückspilz. — Legen Sie frisch gebackenen Toast, ordentlich aufgeteilt, auf einen Teller und legen Sie die Pilze darauf. Pfeffern, salzen und geben Sie auf jeden ein kleines Stück Butter. Gießen Sie dann auf jeden einen Teelöffel Milch oder Sahne und geben Sie eine Gewürznelke auf das ganze Gericht. Stellen Sie eine Glasglocke oder ein umgedrehtes Becken darüber. Backen Sie es zwanzig Minuten lang und servieren Sie es, ohne das Glas zu entfernen, bis es auf den Tisch kommt, um die Wärme und das Aroma zu bewahren, die sich beim Anheben des Deckels im Raum verteilen. Er trocknet sehr leicht, wenn er in Stücke geteilt wird, und behält dabei größtenteils seine Vorzüglichkeit. Ein paar Stücke zu Suppen, Soßen oder Fertiggerichten hinzugefügt, verleihen ihm einen köstlichen Geschmack.

Abb. 34. *Agaricus rubescens* (Rotfleischiger Pilz). Wälder, Sommer und Herbst; Farbe sienabraun; Durchmesser 4 bis 10 Zoll.

Pileus konvex, dann erweitert, Kutikula braun, übersät mit Warzen unterschiedlicher Größe. Rand gestreift. *Die Kiemen sind* weiß, reichen bis zum Stängel und bilden darauf sehr feine herabhängende Linien. *Ring* ganz, breit und mit Streifen markiert. *Stängel* oft schuppig, ausgestopft, hohl werdend; im Alter bauchig. Volva ausgelöscht. Die gesamte Pflanze neigt dazu, eine sienarote oder rostige Farbe anzunehmen. Dies zeigt sich sehr deutlich einige Zeit nach der Verletzung.

Es kommt in den Sommer- und Herbstmonaten sehr häufig vor; tatsächlich einer der am häufigsten vorkommenden Pilze; „Und es ist eine dieser Arten, die eine Person mit dem geringsten Unterscheidungsvermögen genau von anderen unterscheiden kann." – *Badham.*

Meinungen über die Vorzüge von Agaricus rubescens als Speisepilz. – „Ein sehr empfindlicher Pilz, der in ausreichender Menge wächst, um ihm aus kulinarischer Sicht eine Bedeutung zu verleihen." – *Badham.*

„Aus langjähriger Erfahrung kann ich dafür bürgen, dass es nicht nur gesund ist, sondern, wie Dr. Badham sagt, ‚ein sehr empfindlicher Pilz‘ ist." – *F. Currey* , Herausgeber von Dr. Badhams „Esculent Funguses".

Arten der Zubereitung von Agaricus rubescens. —Es kann auf gewöhnliche Weise geröstet, gekocht oder gedünstet werden.

Gebratene Rubescens. — Legen Sie die ausgewachsenen Pilze zehn Minuten lang in Wasser, lassen Sie sie dann abtropfen, entfernen Sie die Warzenhaut und braten Sie sie mit Butter, Pfeffer und Salz an. Der Ketchup aus *Agaricus rubescens* ist reichhaltig und gut. „Da es frei wächst und eine beachtliche Größe erreicht, eignet es sich sehr gut für diesen Zweck, da bei der Ketchup-Herstellung die Menge ein großes Kriterium darstellt." – *Plues.*

Agaricus nebularis (Nebelpilz).

Abb. 35. Agaricus nebularis (Nebelpilz). Waldige Orte, im Herbst; Farbe, creme, mit schieferfarbener Oberseite; Durchmesser: 4 bis 10 Zoll.

„ *Hut mit einem* Durchmesser von zweieinhalb bis fünf Zoll; zunächst niedergedrückt-konvex; wenn er sich ausdehnt, fast flach oder breit spitz zulaufend; niemals niedergedrückt; Rand zunächst eingerollt und bereift; gelegentlich etwas gewellt und gelappt, aber im Allgemeinen regelmäßig geformt; glatt, klebrig, wenn feucht, so dass tote Blätter daran haften; grau,

in der Mitte braun, zum Rand hin blasser. *Fleisch* dick, weiß, unverändert. *Lamellen* cremefarben, schmal, herablaufend, eng, ihre Ränder gewellt, ungleich, im Allgemeinen einfach. *Stamm* von zwei bis vier Zoll lang, von einem Viertel Zoll bis zu einem Zoll dick; an der Basis nach innen gebogen; nicht wurzelnd, sondern mit Hilfe eines flauschigen Flaums um seinen unteren Teil herum und über ein Drittel seiner Länge mit einer großen Menge toter Blätter verbunden, durch die die Pflanze aufrecht gehalten wird; ungleichmäßig, mehr oder weniger mit Längsgruben versehen, außen fest, innen aus einer weicheren Substanz. Der *Geruch* ist stark, wie der von Quark."
– *Badham.*

„An bestimmten Orten häufig, in der Nähe von London jedoch sehr selten. Diese Art kommt spät im Herbst auf toten Blättern an feuchten Orten vor, hauptsächlich an Waldrändern. Die gastronomischen Vorzüge dieser Art sind allgemein bekannt. Wenn es gepflückt wird, hat es einen gesunden und kräftigen Geruch; und wenn es gekocht wird, hat das feste und duftende Fleisch einen besonders angenehmen und wohlschmeckenden Geschmack."
– *WG Smith.*

„Der *Agaricus nebularis* erfordert nur wenig Kochen; Ein paar Minuten Grillen (am besten *à la* Maintenon) mit Butter, Pfeffer und Salz reichen aus. Es kann auch zart mit Semmelbröseln gebraten oder in weißer Soße gedünstet werden. Das Fleisch dieses Pilzes ist vielleicht leichter verdaulich als das jedes anderen." – *Badham.*

Lactarius deliciosus (Orangenmilchpilz).

Abb. 36. *Lactarius deliciosus* (Orangenmilchpilz). Unter Tannen, im Herbst; Farbe, braun-orange; Milch zuerst orange, dann grün; Durchmesser: 3 bis 10 Zoll.

Pileus glatt, fleischig, nabelförmig, von stumpfem, rötlichem Orange, das bei Einwirkung von Licht und Luft blass wird, aber mit konzentrischen Kreisen in einem helleren Farbton zoniert ist; Rand glatt, zunächst involviert, dann erweitert; von drei bis fünf Zoll Durchmesser. Festes Fruchtfleisch voller orangeroter Milch, das sich an der Luft grün verfärbt, ebenso wie alle anderen Pflanzenteile, wenn sie gequetscht werden. *Die Kiemen* sind herabhängend, schmal und teilen sich vom Stängel bis zum Rand des Haufens mehrmals in zwei oder drei Teile. von reflektiertem Licht ein mattes Gelb, aber da sie durchscheinend sind, scheint die rote Milch hell durch sie hindurch. *Der Stiel* ist 2,5 bis 7,6 cm hoch, leicht gebogen und verjüngt sich nach unten; fest, mit zunehmendem Alter mehr oder weniger hohl; kurze Haare an der Basis; manchmal narbig (skrobikulär).

Es besteht keine Möglichkeit, diesen Pilz zu verwechseln. Es ist das einzige, dessen *Milch orangerot ist* und *bei Druckstellen grün wird* . Diese Eigenschaften unterscheiden ihn sofort von *Lactarius torminosus* oder *Necator* , dem einzigen Pilz, der ihm in irgendeiner Weise ähnelt.

Dieser scharfe Pilz (*Lactarius torminosus*) ist in Form und Größe etwas ähnlich und weist ebenfalls Zonen auf. Aber die Evolventenränder des Haufens sind mit dicht behaarten Haaren besetzt. Es hat eine viel blassere Farbe und schmutzigweiße Kiemen. Auch die Milch ist weiß, ätzend und hat eine unveränderliche Farbe.

Der Orangenmilchpilz befällt hauptsächlich die Waldtanne und ist im Allgemeinen unter den Zweigen rund um den Baum zu finden. Gelegentlich findet man ihn auch in Hecken, am häufigsten kommt er jedoch in Waldtannen- oder Lärchenplantagen vor.

Meinungen zu den Vorzügen von Lactarius deliciosus als Speisepilz. – „Dies ist einer der besten Pilze, die ich kenne, er verdient sowohl seinen Namen als auch die Wertschätzung, die ihm im Ausland entgegengebracht wird. Er erinnert mich an zarte Lammnieren." – *Dr. Badham.*

„Sehr köstliches Essen, voller reichhaltiger Soße und etwas Muschelgeschmack." – *Sowerby.*

„Wenn Sie sie gut kochen, erhalten Sie etwas Besseres als Nieren, denen sie sowohl im Geschmack als auch in der Konsistenz sehr ähneln." – *Frau Hussey.*

Zubereitungsarten von Lactarius deliciosus. „Die reichhaltige Soße, die es produziert, ist sein Hauptmerkmal, und daher empfiehlt es sich, eine reichhaltige Soße zuzubereiten oder als Zutat in Suppen." Es erfordert ein vorsichtiges Kochen, denn obwohl es fleischig ist, wird es zäh, wenn es auf dem Feuer gehalten wird, bis der gesamte Saft austritt. Backen ist vielleicht der beste Prozess, den dieser Pilz durchlaufen kann. Es sollte frisch und breiig zubereitet werden." – *Edwin Lees.*

Gedünsteter Deliciosus. — „Die *Tourtière-* (oder Pastetenform-) Kochmethode ist für *Lactarius deliciosus* am besten geeignet, da er fest und knackig ist. Achten Sie darauf, nur gesunde Exemplare zu verwenden. Zerkleinern Sie sie, indem Sie sie quer durchschneiden, bis sie eine gleichmäßige Masse bilden. Legen Sie die Stücke in eine Pastetenform, geben Sie etwas Pfeffer und Salz hinzu und legen Sie auf jede Seite jeder Scheibe ein kleines Stück Butter. Binden Sie ein Papier über die Form und backen Sie sie eine Dreiviertelstunde lang bei schwacher Hitze. Servieren Sie sie in derselben heißen Form." — *Mrs. Hussey.*

Deliciosus-Pie. — Blätterteigscheiben pfeffern und salzen und mit dünnen Scheiben frischen Specks schichtweise auslegen, bis eine kleine Pieform voll ist; mit einer Teigkruste oder Kartoffelpüree bedecken und eine Dreiviertelstunde leicht backen. Bei einer Kartoffelkruste vor dem schnellen Feuer schön bräunen.

Deliciosus-Pudding. – Den Pilz in kleine Stücke schneiden; Fügen Sie ähnliche Speckstücke, Pfeffer und Salz sowie etwas Knoblauch oder Gewürze hinzu. Mit Kruste umgeben und eine Dreiviertelstunde kochen lassen.

Frittierte Deliciosus. – In Scheiben braten, entsprechend mit Butter oder Speck und Soße gewürzt; und heiß mit Toaststücken servieren. Ein Steak dazu ist eine tolle Verbesserung.

Morchella esculenta (die Morchel).

Jeder kennt die Morchel – diesen teuren Luxus, den die Reichen gerne zu hohen Kosten aus unseren italienischen Lagerhäusern besorgen, auf den die Armen gerne verzichten. Es ist weniger allgemein bekannt, dass dieser Pilz vorkommt, obwohl er bei uns keineswegs so häufig vorkommt wie einige andere (ein Umstand, der teilweise auf die vorherrschende Unkenntnis darüber zurückzuführen ist, wann und wo nach ihm gesucht werden muss oder sogar darauf, dass er in England heimisch ist). nicht selten in unseren Obstgärten und Wäldern, zu Beginn des Sommers. Roques berichtet positiv über einige Exemplare, die ihm der Herzog von Athol geschickt hatte; und andere aus verschiedenen Teilen des Landes finden gelegentlich ihren Weg zum Covent Garden Market. Die Gattung *Morchella* umfasst nur sehr wenige Arten und sie sind alle gut zu essen. Persoon bemerkt, dass die Morchel, obwohl sie selten in sandigem Boden vorkommt und kalkhaltigen oder tonigen Boden bevorzugt, häufig an Stellen wächst, an denen Holzkohle verbrannt oder Asche geworfen wurde.

Abb. 37. *Morchella esculenta* (die Morchel). Woods usw. im Frühling; Farbe hellbraun; Höhe: 3 bis 5 Zoll.

Pileus sehr unterschiedlich in Form und Farbe, die Oberfläche ist in sehr kleine Zellen zerbrochen, die durch mehr oder weniger hervorstehende Falten oder Zöpfe des Hymeniums gebildet werden und die sogenannten Rippen bilden. Diese *Rippen* sind sehr unregelmäßig und durchgehend anastomosiert; Der Pileus ist hohl und öffnet sich in den unregelmäßigen Stiel. *Sporen* hellgelb. Beide Pilze sollten nach Regenfällen nicht gesammelt werden, da sie dann fade sind und schnell verderben.

"M. Laut Roques kann die Morchel auf verschiedene Arten zubereitet werden, sowohl frisch als auch trocken, mit Butter oder in Öl, *au gras* oder *à la crême* . Die folgenden Kochbelege stammen von Persoon. 1. Nachdem Sie sie gewaschen und von der Erde befreit haben, die sich zwischen den Zöpfen ansammeln kann, trocknen Sie sie gründlich in einer Serviette und geben Sie sie in einen Topf mit Pfeffer, Salz und Petersilie, wobei Sie ein Stück Schinken hinzufügen oder nicht; Eine Stunde schmoren lassen, gelegentlich etwas Brühe angießen, um ein Anbrennen zu vermeiden; Wenn alles fertig ist, mit dem Eigelb von zwei oder drei Eiern binden und auf gebuttertem Toast servieren. 2. *Morellen à l'Italienne.* – Nachdem Sie sie gewaschen und getrocknet haben, teilen Sie sie auf und legen Sie sie mit etwas Petersilie, Frühlingszwiebeln, Kerbel, Pimpernelle, Estragon, Schnittlauch, etwas Salz und zwei Löffeln feinem Öl auf das Feuer. Schmoren, bis der Saft ausläuft, dann mit etwas Mehl andicken; Mit Semmelbröseln und einem Spritzer Zitrone servieren . 3. *Gefüllte Morcheln.* – Wählen Sie die frischesten und weißesten Morcheln, öffnen Sie den Strunk an der Unterseite, waschen und wischen Sie sie gut ab, füllen Sie sie mit Kalbsfüllung, Sardellen oder einer beliebigen kräftigen *Farce* , befestigen Sie die Enden und würzen Sie sie zwischen dünnen Speckscheiben. Mit einer Soße wie der letzten servieren." – *Badham.*

Hygrophorus pratensis.

„ *Pileus* konvex-flach, dann turbiniert, glatt, feucht; Scheibe kompakt, gewölbt; Rand dünn; *Stengel* gestopft, gleichmäßig, nach unten hin abgeschwächt; *Kiemen* tief herabhängend, bogenförmig, dick, entfernt." – *Grev. T. 91; Huss. II. T. 40.*

Abb. 38 (1). *Hygrophorus pratensis.* Weiden, im Herbst; Farbe, voller Buff; Durchmesser: 2 bis 3 Zoll.

Abb. 38 (2). *Hygrophorus virgineus* (zähflüssiger weißer Pilz). Weiden, im Herbst; Schneewittchen; Durchmesser: ½ Zoll bis 1½ Zoll.

„Auf Hügeln und kurzen Weiden. Sehr häufig. *Hut* gelbbraun oder dunkelbraun, manchmal fast weiß, wie im nächsten. Wahrscheinlich esculent."— *Berkeley*.

Hygrophorus virgineus (Zähflüssiger weißer Pilz).

„ *Haarhut* fleischig, konvex-flach, stumpf, feucht, an der Länge areolato-rimose; *Stiel* vollgestopft, fest, kurz, an der Basis verjüngt; *Lamellen* herablaufend, weit auseinander, ziemlich dick."— *Grev. t. 166*. „Auf Hügeln und kurzen Weiden. Äußerst häufig. Meist rein elfenbeinweiß."— *Berkeley*.

Diese in Form und Geschmack exquisite Art ist im Herbst eine der schönsten Zierpflanzen unserer Rasenflächen, Hügellandschaften und Kurzweiden. In diesen Situationen kann es in jedem Teil des Königreichs gefunden werden. Es ist im Wesentlichen *wachsartig* und fühlt sich an und sieht genauso aus, als ob es aus reinstem Frischwachs hergestellt wäre. Der Stängel ist fest, vollgestopft und abgeschwächt, und die Kiemen sind auffallend weit voneinander entfernt; Mit zunehmendem Alter verfärbt es sich ein wenig und ist dann nicht mehr für kulinarische Zwecke geeignet.

Eine Ladung frischer Exemplare, mit Geschmack und Sorgfalt gegrillt oder gedünstet, erweist sich als angenehmer, saftiger und wohlschmeckender Verzehr und kann manchmal erhalten werden, wenn andere Arten nicht verfügbar sind.

„Mehrere verwandte Arten genießen den Ruf, artenreich zu sein, insbesondere *H. niveus* ; und mein Freund, Herr FC Penrose, hat *H. psittacinus* gegessen und spricht positiv darüber – eine sehr dekorative gelbe Art mit einem grünen Stiel, die manchmal auf reichhaltigen Weiden recht häufig vorkommt (und *angeblich* sehr verdächtig ist)." – *WG Smith*.

Cantharellus cibarius **(Pfifferling).**

Abb. 39. *Cantharellus cibarius* (Pfifferling). Wald, Herbst; sattes Goldgelb; Durchmesser: 2 bis 4 Zoll.

In jungem Zustand ist der *Stiel* zäh, weiß und fest; wenn er wächst, wird er jedoch hohl und verfärbt sich bald gelb; er verjüngt sich nach unten und geht in die Substanz des *Hutes über*, der die gleiche Farbe hat. Der *Hut* ist gelappt und unregelmäßig geformt; sein Rand ist anfangs tief eingerollt, später, wenn er sich ausgebreitet hat, gewellt. Die *Adern* oder Zöpfe sind dick, nahe beieinander, stark gewellt und verlaufen ein Stück den Stiel hinunter. Das *Fleisch* ist weiß, faserig, dicht und „riecht nach Aprikosen" (*Purton*) oder „Pflaumen" (*Vitt.*). „Die gelbe *Farbe* , wie die des Eigelbs, ist auf der Unterseite dunkler; im rohen Zustand hat es den scharfen Geschmack von Pfeffer: Die *Sporen* sind elliptisch und haben eine blasse Ockerfarbe." (*Vitt.*) Der Pfifferling wächst manchmal sporadisch, manchmal in Kreisen oder Kreissegmenten und ist von Juni bis Oktober zu finden. Zuerst nimmt er die Form eines winzigen Kegels an; dann ist der Hut infolge der Einrollung des Randes fast kugelförmig, aber wenn er sich entfaltet, wird er halbkugelig, dann flach und schließlich unregelmäßig und eingedrückt.

„Da dieser Pilz von Natur aus ziemlich trocken und zäh ist", bemerkt Vittadini, „erfordert er eine beträchtliche Menge flüssiger Soße, um ihn richtig zuzubereiten." „Die einfachen Leute in Italien trocknen ihn, legen ihn ein oder legen ihn in Öl ein, um ihn im Winter zu verwenden. Die beste Zubereitungsart Chantarelleist vielleicht, ihn pur zu dünsten oder zu zerkleinern oder ihn mit Fleisch oder anderen Pilzen zu kombinieren. Er muss sanft gedünstet werden und lange Zeit brauchen, um zart zu werden; wenn man ihn aber am Vorabend in Milch einweicht, muss er weniger lange gekocht werden." – *Badham*.

Hydnum repandum (Igelpilz oder Stachelpilz).

Abb. 40. *Hydnum repandum* (Stachelpilz). Wälder, Herbst; Farbe blassgelb; Durchmesser 2 bis 5 Zoll.

Der Hut ist glatt, unregelmäßig geformt, in der Mitte eingedrückt, mehr oder weniger gelappt und im Allgemeinen unregelmäßig am Stiel angeordnet (exzentrisch); von blasser, leder- oder zimtfarbener Farbe; von zwei bis fünf Zoll im Durchmesser. Das Fleisch ist fest und weiß; wenn es gequetscht wird, wird es leicht braun. Die *Stacheln* stehen dicht beieinander, sind ahlenförmig, schräg, weich und spröde, variieren in Größe und Länge und haben einen schwachen zimtfarbenen Farbton. *Der Stiel ist* weiß, kurz, fest, krumm und oft seitlich.

Es besteht keine Möglichkeit, den Semmelpilz zu verwechseln: Wer ihn einmal gesehen hat, wird ihn nie vergessen. Seine ahlenförmigen Stacheln drängen sich unter dem Hut; seine Größe und Farbe sind sehr ausgeprägt; er ähnelt, wie bereits gesagt, in seiner Farbe einem leicht gebackenen Cracknel-Keks.

„Dieser Pilz kommt hauptsächlich in Wäldern vor, insbesondere in Kiefern- und Eichenwäldern; manchmal allein, aber häufiger in Gesellschaft und im Ring." – *Badham.*

Meinungen über die Vorzüge von Hydnum repandum als Speisepilz. – „Die allgemeine Verwendung dieses Pilzes in Frankreich, Italien und Deutschland lässt keinen Zweifel an seinen guten Eigenschaften aufkommen." – *Roques.*

„Wenn es gut gedünstet ist, ist es ein ausgezeichnetes Gericht mit einem leichten Austerngeschmack. Es ergibt auch ein sehr gutes *Püree* . – *Dr. Badham.*

„Ein ganz ausgezeichneter Pilz, der jedoch bei der Zubereitung für den Tisch ein wenig Vorsicht erfordert. Es sollte vorher in heißes Wasser eingeweicht und in einem Tuch gut abgetropft werden; In diesem Fall gibt es sicherlich keinen besseren Pilz." – *Berkeley.*

„Ein gesunder Pilz, der nicht zu verachten ist; aber was den Geschmack betrifft, ist er nicht erstklassig und erfordert die Verwendung von Gewürzen. Er hat jedoch den Vorteil, dass er später wächst als die meisten Pilze und bis Mitte November zu finden ist." – *Edwin Lees.*

„Einer der hervorragendsten Pilze, die es gibt; sein Geschmack erinnert sehr stark an Austern." – *Reverend W. Houghton.*

Zubereitungsarten für Hydnum repandum. – Der Semmelstoppelpilz hat eine dichte Struktur und egal, auf welche Art er zubereitet wird, alle Experten sind sich einig, dass dies langsam bei niedriger Temperatur geschehen muss, bis er zart ist und mit reichlich Brühe oder weißer Soße, um den Feuchtigkeitsmangel auszugleichen.

Gedünstetes Hydnum. – „Die Pilze in Stücke schneiden und zwanzig Minuten in warmem Wasser ziehen lassen; dann in eine Pfanne mit Butter, Pfeffer, Salz und Petersilie geben; Rindfleisch oder eine andere Soße hinzufügen und eine Stunde köcheln lassen." – *Übers. von M. Roques.*

„Eintopf in brauner oder weißer Soße." – *Mrs. Hussey.*

„In etwa bohnengroße Stücke schneiden und in weißer Soße schmoren, bis es fast wie Austernsauce schmeckt." – *Rev. W. Houghton, FLS*

Agaricus orcella (**Orgelle oder Gemüsebries**).

Hut dünn, unregelmäßig, in der Mitte eingedrückt, gelappt, mit gewellten Rändern, zwei bis drei Zoll breit. Farbe rein weiß, manchmal an den Ausbuchtungen blassbraun getönt, gelegentlich mit grauer Mitte oder sogar leicht grau gezont. Seine Oberfläche fühlt sich weich und glatt an, außer bei nassem Wetter, wenn sie weich und klebrig wird. Das Fleisch ist weich, farblos und unveränderlich. *Lamellen* dicht, herablaufend, zuerst fast weiß, dann rosagrau , schließlich hellbraun gefärbt. Sporen blassbraun. *Stiel* glatt, fest, kurz, nimmt an Größe ab; in jungen Jahren zentral, wird aber exzentrisch, da der Hut unregelmäßig wächst. Angenehmer *Geruch* , normalerweise mit dem von frischem Mehl verglichen, aber Dr. Badham und andere meinen, er ähnelt eher dem Geruch von Gurken- oder Fliederblättern.

Abb. 41. (1) *Agaricus orcella* und (2) *Agaricus prunulus* (Pflaumenpilz). Holzige Stellen im Herbst; Farbe schneeweiß mit blassrosa Lamellen; Durchmesser 2 bis 4 Zoll.

Agaricus prunulus (Pflaumenpilz).

Hut fleischig, kompakt, zuerst konvex, dann ausgedehnt, in der Mitte eingedrückt, unregelmäßig gewellt und leicht bereift; 5 bis 12 cm breit; Oberfläche trocken, weich, weiß oder manchmal grau. Das Fleisch dick, weiß und unveränderlich. *Lamellen* gedrängt, tief herablaufend, zuerst weiß, dann blass stumpf fleischfarben oder gelblich braun. Sporen blassbraun. *Stiel* weiß, fest, kräftig, leicht bauchig, 2,5 cm oder mehr lang und 1,25 cm dick; nackt, oft gestreift und zottig an der Basis; oft exzentrisch. *Geruch* wie frisch gemahlener Mehl, aber normalerweise zu stark, um angenehm zu sein.

Es habe erhebliche Verwirrung zwischen den beiden Agarics *orcella* und *prunulus gegeben, schreibt Dr. Bull*; einige denken, dass es in England nur *Orcella gibt (Dr. Badham)*; und andere nur *Prunulus* (der *Rev. MJ Berkeley*), und wieder andere behaupten, dass es sich bei beiden um denselben Pilz handelt, der sich nur in der Größe unterscheidet. Dr. Badham und einige andere verwechseln erneut *Prunulus* mit *Gambosus* , dem Pilz des Vorfrühlings, und dies ist darauf zurückzuführen, dass der französische Begriff *Mousseron* oft für beide Pilze verwendet wird; aber sie sind so wesentlich verschieden, dass sie in keiner Weise miteinander verwechselt werden können. *Agaricus orcella* und *A. prunulus sind in der* Abbildung beide auf derselben Seite platziert , so dass ihre enge Verbindung auf einen Blick erkennbar ist. Fries behandelt sie als separate Pilze, „aus Rücksicht auf alte Autoritäten, da ihre Unterschiede hauptsächlich im Grad liegen." Diese Unterschiede sind jedoch so deutlich ausgeprägt, dass sie hier gesondert behandelt werden. *Orcella* ist ein kleinerer und empfindlicherer Pilz als *Prunulus* . Es ist dünner und weniger fleischig, an den Rändern welliger und hat einen leichteren und angenehmeren Geruch. *Orcella* wächst in offeneren Lichtungen als *Prunulus* ; Die Farbe ist normalerweise viel weißer, manchmal in hohen Lagen weiß und glasiert wie eine Eierschale oder sogar wie Keramik. *Orcella* wächst einzeln als *Prunulus* , in leichten, verstreuten Gruppen, wobei sie eine Vorliebe für die Nachbarschaft von Eichen zeigt, und wo sie wächst, kann sie Jahr für Jahr an derselben Stelle gefunden werden, aber selten mehr als zwei oder drei in einem Stelle. Letztes Jahr, 1869, als *Orcella* ziemlich reichlich vorkam, war *Prunulus* nicht dort zu finden, wo er normalerweise am häufigsten wächst. *Prunulus* ist das Gegenteil von all dem. Sie bevorzugt schattigere Standorte, ist größer, fleischiger und hat einen starken, eher schweren und aufdringlichen Geruch. Sie wachsen in größeren Mengen zusammen und nicht selten in dicht gedrängten Ringen mit einem Durchmesser von vier bis sechs Fuß.

Als essbare Pilze sollten sie unbedingt getrennt gehalten werden. *Orcella* hat einen leichten und angenehmen Geruch und einen ausgezeichneten Geschmack: Es ist so zart und delikat, dass es nicht unpassend als „Gemüsebries" bezeichnet wird. *Prunulus* hingegen ist zwar immer gut, hat aber für viele Menschen einen zu starken Geruch und einen groberen Geschmack.

Meinungen zu den Vorzügen von Agaricus orcella und A. prunulus. – „Ein sehr zarter Pilz." – *Dr. Badham.* „Der Geschmack von *Orcella* ist sehr delikat und allen Pilzen ebenbürtig, oder besser gesagt, den meisten überlegen. Die gleichen Bemerkungen gelten für *Prunulus* , was meiner Meinung nach dasselbe ist. Er gehört zur ersten Klasse der essbaren Pilze." – *Edwin Lees.*

Zubereitungsarten von Agaricus orcella und Agaricus prunulus. — *Orcella* kommt normalerweise in kleinen Mengen vor und schmeckt vielleicht am besten, wenn es gegrillt und auf heißem Toast serviert wird. *Prunulus* ergibt reichlich zum Grillen oder Dünsten oder für beides. „ *Orcella* sollte am Tag der Ernte gegessen werden, entweder gedünstet, gegrillt oder mit Ei und Semmelbröseln gebraten wie Koteletts." – *Dr. Badham.* „Wie auch immer es zubereitet ist, es ist hervorragend; Das Fleisch ist fest und saftig und voller Geschmack, und ob gegrillt oder gedünstet, es ist ein äußerst köstlicher Bissen." – *Worthington G. Smith.* „ *Orcella* trocknet und kann auf diese Weise konserviert werden. Es verliert viel von seinem Volumen, aber es erhält *ein suavissimo Aroma .*" – *Vittadini. Aus den Transaktionen des Woolhope Naturalists' Field Club.*

Essbare Pilze in Amerika. – Um eine Vorstellung von den reichen Vorräten an Pilzen zu geben, die in einigen entfernten Teilen der Erde entstehen, und in Gegenden, die sich so sehr von unseren unterscheiden, dass man auf den ersten Blick annehmen würde, dass es in ihnen nicht so zerbrechliche und flüchtige Körper wie Pilze gäbe Nachfolgend finden Sie eine interessante Mitteilung von Dr. Curtis aus South Carolina an Rev. W. Berkeley. Es wird die Aufmerksamkeit amerikanischer Leser durchaus wert sein:

„Sie haben mich gebeten, Ihnen meine ‚Erfahrung mit den essbaren Pilzen Amerikas' zu erzählen." Ich gehe davon aus, dass dies höchst zufriedenstellend geschehen wird, und zwar in ziemlich demselben Stil, in dem ich es Ihnen an Ihrem eigenen Kamin erzählen würde. Meine Erfahrung reicht nur etwa zwölf oder fünfzehn Jahre zurück. Sie erinnern sich vielleicht, dass ich vor dieser Zeit Angst vor diesen Lebensmitteln geäußert habe, da ich mit den allgemeinen Vorurteilen aufgewachsen bin, die die meisten Menschen in diesem Land ihnen gegenüber hegen. Da ich hin und wieder von furchtbaren Unfällen bei ihrer Verwendung gelesen hatte und es eine Fülle anderer und gesunder Lebensmittel gab, verspürte ich keine Neigung, das Risiko einzugehen, meine Rechnung unnötig zu vergrößern. So hatte ich die Lebensmitte hinter mir, ohne jemals einen Pilz probiert zu haben.

„Aber unter Ihrer Anleitung und Unterstützung wuchs mein Wissen über Pilze, und damit auch mein Vertrauen in meine Fähigkeit, Arten zu unterscheiden, und meine Neugier, die Qualitäten dieser vielgepriesenen

Produkte zu testen, siegte über meine Schüchternheit. Und jetzt kann ich wohl mit Sicherheit sagen, dass ich eine größere Vielfalt an Pilzen gegessen habe als irgendjemand auf dem amerikanischen Kontinent. Ich habe sogar mehrere Arten eingeführt, die noch nie ausprobiert und unbekannt waren. Von Beginn meiner Experimente an war ich jedoch sehr vorsichtig, selbst bei Arten, die seit langem als sicher und gesund gelten. In jedem Fall begann ich mit nur einem einzigen Bissen. Da keine negativen Auswirkungen auftraten, machte ich einen zweiten Versuch mit zwei oder drei Bissen und so ging es nach und nach weiter, bis ich eine volle Mahlzeit daraus gemacht hatte. Glücklicherweise bin ich nie auf eine Art gestoßen, die schädlich war, obwohl ich nach Belieben vierzig Arten gegessen habe. Das liegt vielleicht daran, dass ich mit Arten, die in Europa seit langem verwendet werden, allgemein vertraut bin, und daher habe ich keine Experimente mit neuen Arten durchgeführt, die nicht eine gewisse Affinität oder Analogie zu ihnen hatten.

„Da beispielsweise *A. campestris* und *A. arvensis* bekömmlich sind, zweifelte ich nicht daran, dass man es ohne Bedenken mit *A. amygdalinus* (einer neuen, eng mit *A. arvensis verwandten Art*) versuchen könnte, und er erwies sich als ebenso unbedenklich und schmackhaft. Tatsächlich kann man ihn als die sicherste aller Arten zum Sammeln betrachten, da er sogar von einem Kind oder einem Blinden von allen anderen unterschieden werden kann. Sein Geschmack und Geruch ähneln so sehr denen von Pfirsichkernen oder Bittermandeln, dass die Ähnlichkeit fast immer sofort von denen erwähnt wird, die ihn zum ersten Mal roh probieren. Dieses Aroma geht beim Kochen verloren, es sei denn, der Pilz wird nicht richtig gegart. Wenn er gründlich gekocht ist, kann ich ihn selbst nicht von *A. campestris unterscheiden* . Ein oder zwei Personen haben die Meinung geäußert, dass sie ihn unterscheiden können und dass er nicht ganz so gut ist. Andere wiederum sind ebenso überzeugt, dass er besser ist. Im rohen Zustand halte ich ihn für den schmackhaftesten aller Pilze, da er einen sehr angenehmen Nachgeschmack auf der Zunge hinterlässt, der dem von Mandeln völlig gleicht. Diesen Pilz habe ich Ihnen vor einigen Jahren zum Anbau geschickt, aber er ist nicht gewachsen. Ich wünschte sehr, er könnte in England vermehrt werden, damit wir feststellen könnten, ob seine Eigenschaften in anderem Boden und Klima verändert würden. Ich hege schon seit einiger Zeit den Verdacht, dass dies bei vielen unserer Arten der Fall ist. So wird in europäischen Büchern der Morchel ein besonderes Aroma beschrieben, das der Sauerkirsche ihren Namen gegeben hat. Ich kann nichts dergleichen in unserer Morchel erkennen. Sie sprechen von *A. Cæsareus* (in *Introd. Crypt. Bot.*) als „vielleicht dem köstlichsten aller Pilze". Dieser wächst in großen Mengen in unseren Eichenwäldern und kann zur Saison waggonweise beschafft werden; aber für meinen Geschmack und den meiner ganzen Familie ist es der ungenießbarste aller unserer Pilze, und ich kann auch nicht viele unserer leidenschaftlichsten Mykophagisten finden, die bekennen, dass sie ihn mögen. Ich habe ihn in fast jeder Kochart probiert, aber ohne Erfolg. Er hat einen unangenehmen salzigen Geschmack, den wir weder entfernen noch überdecken können.

„In der *Tricholoma*-Sektion, in der mehrere Arten vorkommen, die seit langem als essbar bekannt sind, habe ich nicht gezögert, mit allen zu experimentieren, die den Geruch und Geschmack von frischem Mehl hatten. Ich begann mit *A. frumentaceus* , ohne aus Büchern zu erfahren, ob es in Europa gegessen wurde. Später habe ich drei neue amerikanische Arten hinzugefügt, die zur gleichen Gruppe gehören. Alle schmecken ausgezeichnet, wenn sie gedünstet werden, und sind besonders wertvoll wegen ihres Aussehens im Spätherbst, selbst bei starkem Frost, wenn andere Blätterpilze meist außerhalb der Saison sind.

A. cæspitosus (*Lentinus* , Berk.) und *A. melleus* eine solche Ähnlichkeit in Beschaffenheit und Habitus zu bestehen, obwohl Ersterer zu *Clitocybe gehört* , dass die Versuchung zu einem Versuch damit unwiderstehlich war. Da es hier in enormen Mengen vorkommt und ein einzelner Cluster oft fünfzig bis hundert Stämme enthält, könnte man es in Zeiten der Knappheit durchaus als wertvolle Art betrachten. Es würde nicht hochgeschätzt werden, wenn es andere und bessere Sorten gibt; aber es wird im Allgemeinen *A. melleus* vorgezogen . Ich habe festgestellt, dass sich diese Art sehr gut zum Trocknen im Winter eignet.

„Unter den *Steinpilzen* habe ich mich, ohne zu wissen, ob sie jemals gegessen wurden, an *B. collinitus gewagt* , da er eng mit *B. flavidus verwandt* ist. Ich bin kein großer Steinpilzliebhaber , aber einige, denen ich ihn geschickt habe, haben diese Art als köstlich bezeichnet.

„Bei den *Porlingen* hatte ich also keine Angst, dass die Verwendung einer neuen amerikanischen Art (*P. poripes* , Fr.) schädlich wäre, da sie in ihrer Struktur und ihrem Geschmack mit *P. ovinus verwandt* ist. Der Geschmack des Rohexemplars ähnelt dem der besten Kastanien oder Haselnüsse. Es wurde sogar mit der Kokosnuss verglichen und hat sicherlich ein sehr angenehmes Aroma. Es ist jedoch kein hervorragendes Gericht, da es etwas zu trocken ist, aber es ist harmlos und wahrscheinlich nahrhaft.

Nachdem ich bereits *P. frondosus* , *P. confluens* und *P. Sulfureus* aus der ‚Merisma‘ -Gruppe der *Polypores ausprobiert hatte,* wagte ich es nach einigem Zögern und mit mehr als üblicher Vorsicht, die Vorzüge einer neuen amerikanischen Art zu testen (*P. Berkelei* , Fr.), ungeachtet der intensiven Schärfe des Rohmaterials, das so heftig beißt wie *Lactarius piperatus* . Im jungen Zustand und bevor die Poren sichtbar sind, ist die Substanz ziemlich knusprig und spröde, und in diesem Zustand habe ich sie ungestraft und mit Genugtuung gegessen, da ihre Schärfe durch das Schmoren völlig verschwunden ist. Ich halte es jedoch nicht für vergleichbar mit *P. confluens* , das bei mir eher beliebt ist, ebenso wie bei einigen anderen, denen ich es vorgestellt habe. *P. Sulfureus* ist gerade noch erträglich; sicher, aber nicht begehrenswert, wenn man besser werden kann. Wenn ich sicher sage, meine ich nicht giftig. Ich kann es nicht als Diät für schwache Mägen empfehlen, was man auch von einigen anderen Pilzen mit ähnlicher Beschaffenheit sagen sollte. Ich erinnere mich hier an ein Erlebnis, das ich vor drei oder vier Jahren mit dieser Art gemacht habe und das mich sehr beunruhigt hätte, wenn es zu einem früheren Zeitpunkt meiner Experimente passiert wäre, und das wahrscheinlich jeden, der diese Art der Ernährung nicht kennt, von jeher abgeschreckt hätte gönne es mir noch einmal. Ich hatte ein üppiges Gericht davon auf meinem Abendessentisch, von dem der Großteil meiner Familie sowie ein Gast, der bei uns wohnte, sehr reichlich aßen. Während der Nacht wurde ich außerordentlich krank und wurde erst durch mein Abendessen erleichtert. Mein erster Gedanke beim Ausbruch meiner Krankheit galt *Polyporus Sulfureus* ; Da ich mich aber daran erinnerte, dass eine Entzündung zu den Symptomen einer Pilzvergiftung gehörte und ich in meinem Fall keine Anzeichen dafür feststellen konnte, verwarf ich die aufkommende Angst bald, ließ keinen Arzt rufen und nahm auch kein Mittel ein. Andere, die den Pilz häufiger gegessen hatten als ich, waren überhaupt nicht betroffen; und ich vermute, dass meine Krankheit ebenso wenig durch den *Polyporus verursacht wurde* wie durch das Brot und die Butter, die ich gegessen hatte. Und doch, wenn ich allein von dem Gericht gegessen hätte oder ein oder zwei andere in ähnlicher Weise betroffen gewesen wären, hätten einige den nächtlichen Anfall zweifellos sehr sicher dem Pilz zugeschrieben; Oder wäre dies mein erster Versuch mit diesem Artikel gewesen, hätte ich ihn möglicherweise später mit Argwohn betrachtet. Ein paar Tage später erfuhr ich von einem unserer Ärzte, dass diese Art von Krankheit damals in der Gemeinde weit verbreitet war und keine bekannte Ursache haben konnte. Dank dieser Art konnten wir glücklicherweise den *Post-hoc* vom *Propter-hoc unterscheiden* .

„Es gibt Familien in Amerika, die seit Generationen freiwillig und jährlich Pilze essen und dabei eine Gewohnheit beibehalten, die ihre Vorfahren aus Europa mitgebracht haben. Ich habe in keinem Fall von einem Unfall unter ihnen gehört. Ich habe in diesem Land keinen Fall einer Pilzvergiftung kennengelernt, es sei denn, die Opfer haben sich voreilig an das Experiment gewagt, ohne eine Art von einer anderen zu unterscheiden. Unter den oben genannten Familien habe ich keine getroffen, deren Wissen über Pilze über die häufig vorkommende Art (*A. campestris*), die hierzulande Pink Gill genannt wird, hinausging. Mehrere solcher Familien leben in meiner Nähe, aber keiner von ihnen wusste, bis ich sie informierte, dass es noch andere essbare Arten gibt. Alles außer der rosa Kieme, die die Form eines Pilzes hatte, war für sie ein Giftpilz und giftig. Als ich meinen Sohn zum ersten Mal mit einem feinen Korb Imperials (*A. Cæsareus*) zu einem intelligenten Arzt schickte, der den gewöhnlichen Pilz übertrieben liebte, wurde der Junge mit dem empörten Ausruf begrüßt: „Junge, ich würde keinen essen." Von diesen Dingern, um den Kopf deines Vaters zu retten!' Als ihm gesagt wurde, dass sie an meinem Tisch gegessen wurden, nahm er sie an, aß sie und hat seitdem viele davon gegessen, mit aller Sicherheit und mit nicht geringem Genuss. Seitdem essen unsere Mykophagisten alles, was ich ihnen schicke, ohne Angst oder Misstrauen.

„Ich habe es mir zur Aufgabe gemacht, das Wissen über diese Dinge unter Pilzliebhabern zu erweitern und auch ihren Gebrauch unter denen zu fördern, die sie noch nicht probiert haben. Bei letzterer Arbeit bin ich aufgrund eines starken Vorurteils gegen Gemüse mit solch verachtenswerten Namen und einer unüberwindlichen Angst vor Unfällen nicht immer erfolgreich. Doch wie in meinem eigenen Fall besiegt die Neugier oft diese Fehler. Wenn ich nicht zu Hause war, habe ich häufig die Erlaubnis einer freundlichen Gastgeberin erhalten, ein Gericht mit Pilzen zu kochen, die ich bei ihr gefunden hatte. In solchen Fällen kam es selten vor, dass das Gericht, das ich dann zum ersten Mal probierte, nicht als köstlich oder als das Beste bezeichnet wurde, was man je gegessen hat. Dieser letztere Ausdruck wurde einmal in Bezug auf einen so belanglosen Artikel wie *A. salignus verwendet* . Tatsächlich habe ich mehrere Personen gefunden, die diese Art zu den schmackhaftesten zählen. Solchen Personen muss es selten an einem Gericht mit frischen Pilzen fehlen, da man diese in diesen Breitengraden jeden Monat des Jahres bekommen kann. Ich bin davon überzeugt, dass die Qualität dieser Art von der Holzart abhängt, aus der sie wächst, und dass sie besser schmeckt, wenn sie vom Maulbeerbaum und insbesondere vom Hickorybaum geerntet wird, als wenn sie von den meisten anderen Bäumen geerntet wird. Ob sie als Tafelgemüse geeignet ist, hängt auch stark von der Geschwindigkeit ihres Wachstums ab; langsam wachsende Pflanzen, wie einige unserer Gartengemüse, haben eine zähere Struktur und weniger delikaten Geschmack. Eine warme Sonne nach schweren Regenfällen bringt sie in höchster Vollkommenheit zum Vorschein.

„Ich wurde mehrmals von Menschen, die zum ersten Mal Pilze essen, gefragt, ob diese Dinge zum Pflanzen- oder Tierreich gehören. Der Geschmack einiger von ihnen weist sicherlich eine sehr auffällige Ähnlichkeit mit dem von Fleisch, Fisch oder Weichtieren auf, so dass die Frage, da sie lediglich auf dem Geschmack beruht, nicht unnatürlich ist. Aber ich war sehr beeindruckt von seiner Korrektheit, als ich vor ein paar Jahren einen Artikel im „Fraser's Magazine" las, der vom verstorbenen Mr. Broderip geschrieben worden war und in dem es heißt, dass Pilze Osmazome enthalten. Wenn dem so ist, ist das sowohl auf ihren Geschmack als auch auf ihren Wert als Nahrungsmittel zurückzuführen. Von dieser letztgenannten Eigenschaft war ich so überzeugt, dass ich während unseres letzten Krieges manchmal behauptete, dass ich in einigen Teilen des Landes ein Regiment unterhalten könnte, und ich bezweifle, dass diese Behauptung stark oder gar übertrieben war Soldaten fünf Monate im Jahr allein mit Pilzen.

„Dies führt zu einer nicht zu übersehenden Bemerkung über die große Fülle an essbaren Pilzen in den Vereinigten Staaten. Ich glaube, es ist Dr. Badham, der sich ihrer ungewöhnlichen Zahl in Großbritannien rühmt und erklärt, dass es in diesem Königreich dreißig essbare Arten gibt. Ich kann mir des Eindrucks nicht erwehren, dass dies eine Unterschätzung ist. Aber wenn der Arzt Recht hat, gibt es keinen Vergleich zwischen der Zahl in Ihrem Land und dieser. Ich habe vierzig Arten gesammelt und gegessen, die im Umkreis von zwei Meilen um mein Haus gefunden wurden. Es gibt noch einige andere innerhalb dieser Grenze, die ich noch nicht gegessen habe. Im Katalog der Pflanzen von North Carolina werden Sie feststellen, dass ich einhundertelf Arten essbarer Pilze angegeben habe, von denen bekannt ist, dass sie in diesem Staat leben. Ich bezweifle nicht, dass es noch vierzig oder fünfzig mehr sind, da der alpine Teil des Staates, der sehr weitläufig und vielfältig ist, nur sehr wenig auf der Suche nach Pilzen erforscht wurde.

„Im Oktober 1866 zählte ich auf den Cumberland Mountains in Tennessee, einem Plateau weniger als 1000 Fuß über den Tälern darunter, achtzehn Arten essbarer Pilze, obwohl ich in den zwei Tagen, die ich dort verbrachte, nur sehr wenig Zeit für Untersuchungen hatte. Von den vier oder fünf Arten, die ich dort für den Tisch gesammelt hatte, bezeichneten alle, die davon aßen, von denen keiner zuvor Pilze gegessen hatte, sie nachdrücklich als köstlich. Als ich nach Hause zurückkehrte und einige Stunden an einer Station in Virginia anhielt, sammelte ich acht gute Arten im Umkreis von ein paar hundert Metern um das Depot. Und so scheint es im ganzen Land zu sein. Hügel und Ebenen, Berge und Täler, Wälder, Felder und Weiden wimmeln von einer Fülle guter, nahrhafter Pilze, die dort, wo sie entstehen, verrotten, weil die Menschen nicht wissen, wie sie zu verwenden sind, oder Angst davor haben, sie zu verwenden. Von denen unter uns, die ihren Nutzen kennen, wurde ihr Wert wie nie zuvor während unseres letzten Krieges geschätzt, als andere Lebensmittel, insbesondere Fleisch, knapp und teuer waren. Dann hatten Personen, von denen ich gehört habe, dass sie Pilze dem Fleisch vorziehen, im Allgemeinen keinen Grund, auf dankbares Essen zu verzichten, da es für die Versammlung leicht zu haben war und sich, wenn man auf dem Land lebte, leicht von ihrem Zuhause entfernt befand. Dies war jedoch nicht immer der Fall. Ich erinnere mich an eine Gelegenheit während der düsteren Zeit, als es eine anhaltende Dürre gegeben hatte und fleischige Pilze nur in feuchten, schattigen Wäldern zu finden waren, und selbst dort nur wenige, ich konnte von keiner Art genug für einen finden Mahlzeit; Ich versammelte mich also von allen möglichen Arten, brachte dreizehn verschiedene Sorten mit nach Hause, ließ sie alle zusammen in einem großen

Potpourri kochen und bereitete ein ausgezeichnetes Abendessen zu. Zu diesen gehörte der Pfifferling, zu dem ich ein paar Worte sagen möchte, um zu bestätigen, was ich bereits über die unterschiedlichen Qualitäten von Pilzen in verschiedenen Regionen und Orten gesagt habe. Sie haben irgendwo geschrieben, dass dieser Pilz eine so hochgeschätzte Delikatesse ist, dass er bei einem Staatsessen in London sehr begehrt ist. Kann das daran liegen, dass es eine Seltenheit ist? (Denn nichts, was gewöhnlich und leicht erhältlich ist, gilt meiner Meinung nach als Delikatesse), oder weil es in England einen feineren Geschmack gibt? Hier, wo es reichlich vorhanden ist, scheint sich niemand für sie zu interessieren, und manche würden lieber ganz auf Pilze verzichten, als sie zu essen. Die Qualität schwankt auf jeden Fall stark, da ich es gelegentlich als recht schmackhaft empfand, und wiederum, obwohl auf die gleiche Art und Weise zubereitet, als sehr gleichgültig empfand. Ich konnte nicht feststellen, ob dieser Unterschied auf den Standort, die Belichtung, den Schatten, den Boden, die Feuchtigkeit oder die Temperatur zurückzuführen ist. Ich bin fest davon überzeugt, dass dieser Boden viel mit dem Geschmack einiger Pilzarten zu tun hat. In einem Paket rosafarbener Kiemen habe ich manchmal ein oder zwei Exemplare gefunden, die zwar vollkommen gesund waren, aber einen so unangenehmen Geruch und Geschmack hatten, dass sie ein ganzes Gericht verderben würden. Das Gleiche gilt auch für den Schneeball (*A. arvensis*), von dem ich jedes Jahr ein paar schöne Exemplare in der Nähe meines Wohnsitzes auf einem Grasrasen wachsen finde, der einen Müllhaufen bedeckt, der aus zersetzten Stöcken, Blättern und Abfällen vom angrenzenden Boden besteht. Ihr Geschmack und Geruch sind völlig abscheulich. Ich hatte ein Exemplar gekocht, aber keine noch so große Würze konnte die Anstößigkeit des abscheulichen Dings mildern; Dennoch sammle ich im Umkreis von hundert Yards Exemplare derselben identischen Art, die einen feinen Geschmack haben, der dem der besten Pilze ebenbürtig ist. Da ich bereits auf den unterschiedlichen Geschmack von Pilzen hingewiesen habe, die auf verschiedenen Holzarten wachsen, vermute ich auch hier, dass die unangenehmen Eigenschaften einiger Exemplare dieser beiden bekannten und beliebten Arten möglicherweise auf etwas im Boden zurückzuführen sind, auf dem sie wachsen können sich nicht assimilieren und machen so eine schmackhafte und gesunde Art völlig ungeeignet für den Tisch. Ob solche Exemplare beim Verzehr giftig oder ungesund wären, verspüre ich nicht in der Versuchung, es zu beweisen. Es ist unwahrscheinlich, dass sie jemals Unheil anrichten werden, denn es ist unglaublich, dass ein Mensch seine Instinkte so verdrehen kann, dass er solch ein bösartiges Gebräu schluckt.

„Erfahrungen und Beobachtungen wie diese würden vielleicht den Schluss rechtfertigen, dass eine harmlose Art manchmal schädlich sein kann, weil sie ein schlechtes Element aus dem Boden aufnimmt. Da ich aber noch nie einen Vergiftungsfall in Familien erlebt habe, die den gewöhnlichen Champignon oder den Rosa-Kiefer-Pilz gut kennen, die die Exemplare für sich selbst sammeln und dieses Nahrungsmittel seit vielen Generationen jährlich zu sich nehmen, kann ich einer von Ihnen geäußerten Vermutung nicht zustimmen, dass vielleicht alle Pilze ein giftiges Element enthalten, manche aber in so geringen Mengen, dass sie keine nennenswerte Wirkung haben. Hätten Sie nun die Mengen an gedünsteten Pilzen gesehen, die bei einer einzigen Mahlzeit verschluckt werden, die ich auf diese Weise verschlungen habe und die keinen größeren Schaden angerichtet haben als die gleiche Menge Austern- oder Schildkrötensuppe, so müssten Sie, glaube ich, zu dem Schluss kommen, dass eine solche Menge, selbst von giftigen winzigen Mengen, einige sehr unangenehme Auswirkungen gehabt haben muss oder eine sehr harmlose Ernährung darstellt.

„Es heißt, der Verkauf der Rosakieme (*A. campestris*) sei auf den italienischen Märkten verboten, da sich diese Art oft als giftig erwiesen habe. Könnte dies nicht durch unwissende und nachlässige Sammler oder wertlose Inspektoren verursacht worden sein? Für uns in Amerika, die wir diese Art so freizügig und furchtlos nutzen, gilt der Fluch des Italieners: „Möge er an einem Pratiolo sterben!" hätte nicht mehr Schrecken als „Möge er an aromatischem Schmerz sterben."

„Unsere besten und Standardpilze sind der Rosakiemenpilz (*A. campestris*); Schneeball (*A. arvensis*); Pfirsichkern (*A. amygdalinus*); Nuss (*A. procerus*); Französisch (*A. prunulus*); Morchel (*M. esculenta*); Koralle (*Clavaria*); und Omelette (*Lycoperdon giganteum*). Diese genießen fast überall hohes Ansehen. Doch die Geschmäcker sind bei diesen Dingen wie bei Obst und Gemüse unterschiedlich; Manche stellen einen, andere einen anderen an die Spitze der Liste, obwohl sie alle lieben und immer bereit sind, einen davon zu verwenden – so wie jemand, der einen Pfirsich bevorzugt, dennoch einen Apfel genießen kann. Es gibt einige unter uns, die *A. procerus* als völlig gleichwertig mit *A. campestris betrachten* , und ich bin fast derselben Meinung. Gegrillt oder gebraten ist es ein wahrer Leckerbissen. Ich erwähne in diesem Zusammenhang, dass diese Art hier den Namen Nusspilz trägt, aufgrund einer Eigenschaft, die ich in den Büchern, die sie beschreiben, nicht erwähnt finde. Wenn der Stiel frisch und jung ist, hat er einen süßen, nussigen Geschmack, der dem der Haselnuss sehr ähnlich ist. Ist das bei Ihnen der Fall? Sein Geschmack ist so angenehm, dass ich die frischen Stängel gerne kaue. Aufgrund dieser Besonderheit in Verbindung mit seinem beweglichen Ring, seiner Form und seinen Farben halte ich ihn für eine absolut sichere Art, die man zum Sammeln empfehlen kann. Wir haben keine Art, die man wahrscheinlich damit verwechseln könnte, außer *A. rachodes* , und ich habe die Unschuld dieser Art vollständig geprüft, bevor ich die erste anderen empfohlen habe. Dies wurde von einigen vermutet, aber ich fand es harmlos. Obwohl es ziemlich gut im Geschmack ist, ist es nicht mit *A. procerus* vergleichbar und das Fruchtfleisch ist so dünn und schwammig, dass niemand es wählen würde, wenn es um solche mit einer kompakteren Konsistenz geht. *A. excoriatus* aus derselben Gruppe ist eine viel bevorzugte Art.

„Die Morchel ist eine meiner Lieblingspflanzen, aber sie kommt nur in kalkhaltigen Gegenden in großen Mengen vor. Vor ein paar Tagen (21. April) habe ich ein Dutzend davon zum Abendessen gegessen, die größte Menge, die ich je auf einmal gegessen habe.

„Der *Lycoperdon giganteum* ist auch bei mir sehr beliebt, wie bei allen meinen Bekannten, die ihn probiert haben. Er hat nicht das intensive Aroma mancher anderer Pilze, aber er hat einen zarten Geschmack, der ihn jedem Omelett, das ich je gegessen habe, überlegen macht. Außerdem scheint er so bekömmlich zu sein, dass er auch für die empfindlichsten Mägen geeignet ist. Dies ist der South Down unter den Pilzen.

„In diesem Breitengrad (etwa 36 Grad) können wir neun oder zehn Monate im Jahr gute Speisepilze finden. Einschließlich *A. salignus*, den manche sehr mögen, können wir sie jeden Monat haben, da diese Art während jeder warmen Periode im Winter wächst. *A. campestris* taucht hier bereits im März auf, ist aber erst im September in voller Blüte. Mehrere ausgezeichnete Arten der *Tricholoma*-Gruppe sprießen erst nach Einsetzen des Frosts und wachsen bis in den Dezember hinein. Dies ist auch der Fall mit *Boletus collinitus*, der manchmal aus der Erde schießt, wenn er festgefroren ist.

„Diese Beobachtungen und Erfahrungen beschränken sich hauptsächlich auf die Carolinas; Allerdings gehe ich aufgrund gelegentlicher Beobachtungen anderswo und aufgrund von Informationen von Korrespondenten in anderen Staaten davon aus, dass das, was ich gesagt habe, unter Berücksichtigung der Unterschiede im Klima und der Länge der Jahreszeiten allgemein auf das ganze Land anwendbar ist."

Warum wir keine Pilze essen sollten.

Der folgende interessante Artikel von Rev. JD La Touche wurde bei einem Treffen des Woolhope Naturalists' Field Club gelesen:

„Es heißt, dass in Rom, wenn ein Sterblicher in die Würde der Heiligkeit erhoben werden soll, die Vorsichtsmaßnahme getroffen wird, einen ‚Advokaten des Teufels' bereitzustellen, der alle Fehler des Kandidaten so deutlich wie möglich aufzeigt , gewährleistet eine faire Diskussion beider Seiten der Frage und ist darüber hinaus eine Garantie dafür, dass kein unwürdiger Anwärter auf solch hohe Ehren vorschnell zu ihnen zugelassen wird.

„Bei dieser Gelegenheit erlaube ich mir, mich in dieser unliebenswürdigen Funktion zu präsentieren. Tatsächlich strebt kein Mitglied dieses angesehenen Clubs die Heiligsprechung an, doch ein nicht weniger wichtiger Schritt wird in der Aufnahme eines bisher verachteten und sogar verabscheuten Mitglieds des Pflanzenreichs in die Liste seiner essbaren Produkte in Betracht gezogen; tatsächlich mögen einige einen solchen Schritt für unsere Rasse als wichtiger erachten als die Apotheose eines vornehmen Sterblichen; und daher scheint es, dass, wenn es im einen Fall wünschenswert ist, dass alle Makel des Kandidaten offengelegt werden, *erst recht* dies im anderen Fall der Fall sein muss.

„Lassen Sie mich zunächst feststellen, dass diese Herren an der Bar tatsächlich einen sehr schlechten Charakter haben und dass dies wahrscheinlich nicht der Fall wäre, es sei denn, sie wären wirklich große Sünder.

„Hier werden einige zweifellos ausrufen: ‚Vorurteil, mein lieber Herr! Vulgäres Vorurteil ist zu den gröbsten Ungerechtigkeiten fähig — unwissendes Vorurteil hat ein köstliches Nahrungsmittel von unseren Tischen verbannt und den Armen eine gesunde Ernährung vorenthalten.‘ Es wird oft gesagt, dass derjenige ein tapferer Mann war, der als erster eine Auster aß, und wahrlich, einen weniger verlockenden Bissen kann man sich kaum vorstellen; und doch beseitigte die Tatsache, dass sie gut und gesund *ist* , bald alle Vorurteile dagegen. Und ist es nicht wahrscheinlich, dass dies der Fall wäre, wenn die Pilzart als menschliche Nahrung geeignet wäre? Können wir annehmen, dass alle Vorurteile, die aus ihrem ledrigen Aussehen erwachsen, nicht wie Nebel vor der Morgensonne verfliegen würden, wenn sie wirklich die nahrhaften und köstlichen Leckerbissen wären, als die sie von ihren begeisterten Befürwortern beschrieben werden?

„Ich denke, man kann beobachten, dass der allgemeine Charakter, den ein Mann hat, im Großen und Ganzen wahr ist. Diese große Schule, die Welt, in der wir leben, schafft es auf die eine oder andere Weise, unsere durchschnittlichen Verdienste ziemlich genau abzuschätzen und unseren Maßstab zu ermitteln, und obwohl sie in bestimmten Fällen hin und wieder einen Fehler machen kann, ist ihre allgemeine Einschätzung nichts Neues ist fair; und so mit Pilzen. Es kann sein, dass alle Arten von ihnen allzu pauschal verurteilt werden; ja, es ist sogar wahrscheinlich, dass *Agaricus campestris* nicht der Beste ist, der wächst, und doch ist das vorherrschende Misstrauen gegenüber dem Stamm schließlich begründet.

„Wenn *beispielsweise* bekannt wird, dass eine Familie in einer Gemeinde durch den Verzehr einer falschen Sorte vergiftet wurde, ist es nicht verwunderlich, und es kann auch nicht als dummes Vorurteil bezeichnet werden, wenn ihre Nachbarn jemals etwas zurückhaltend gegenüber dem Lebensmittel sind, das sie produziert haben dieses Ergebnis. Aber man wird sagen, dass das Unheil aus Unwissenheit entstand – hätte diese Familie die Merkmale gekannt, die zwischen der gesunden und der giftigen Art unterscheiden, wäre dies nie passiert. Wenn es jemals einen Fall gab, in dem Unwissenheit ein Segen war, dann ist es dieser. Vor Kurzem begleitete ich einen wissenschaftlichen Freund auf einem Streifzug durch die Pilze, den wir mit der besonderen Absicht unternahmen, unser geplantes Mahl zu verbessern, und war bei dieser Gelegenheit von den sorgfältigen Vorsichtsmaßnahmen beeindruckt, die man unbedingt beachten musste das Gute vom Schlechten unterscheiden. Es scheint fast so, als hätte die Natur absichtlich ein Labyrinth aus raffinierten Stolpersteinen geschaffen, um dieses mysteriöse Produkt vor den unersättlichen Gelüsten der Menschheit zu schützen; Und so geschah es schließlich doch, dass mein guter Freund – der sich mit dem Thema wirklich gut auskennte und der in den von uns gesammelten Exemplaren auf Schritt und Tritt einen bekannten Test auf Gesundheit oder auf andere Weise als Orientierungshilfe fand – den Tag beendete indem er beinahe ein Mitglied meiner Familie vergiftet hätte: Denn er hatte offenbar *Boletus flavus* , ein heftiges Gift, mit dem sehr ähnlichen, aber gesunden und ausgezeichneten *Boletus luteus verwechselt* – der einzige Unterschied bestand darin, dass die Poren des einen etwas kleiner und kleiner waren kantiger als die der anderen. In diesem Fall war Wissen (und in seinem Fall war es auch kein bisschen Wissen) eine gefährliche Sache.

„Aber dennoch kann man sagen, dass es Arten gibt, deren Merkmale hinreichend genau definiert sind und dass von diesen wenigstens das Stigma entfernt werden sollte. Doch selbst dann möchte ich denen, die geneigt sind, dies zuzugeben, ein oder zwei Fragen stellen. 1. Ist es so klar, dass ein Pilz, der einer Person bekommt, für eine andere nicht sehr schädlich sein muss? Der eine Mensch hat, um einen vulgären Ausdruck zu verwenden, den Magen eines Pferdes. Kann ich, ein Durchschnittssterblicher, damit rechnen, einen solchen Schatz zu besitzen? Ich habe mit eigenen Augen gesehen, wie mein Freund aus der Wissenschaft einen ganzen *Boletus flavus* roh gegessen und geschluckt hat, ohne dass es am selben Abend oder am nächsten Tag zu sichtbaren Nebenwirkungen kam, während eine kleine Portion der gleichen Art, zudem gekocht (ich kann allerdings nicht *secundum artem sagen*), bei einem anderen Individuum heftige Übelkeit verursachte, das im Übrigen noch nie zuvor krank gewesen war. diese Tatsache scheint tatsächlich darauf hinzudeuten, dass der Magen durch lange Gewohnheit „erzogen" werden kann, diese schädliche Nahrung zu vertragen, und dass daher ihre schlimmen Auswirkungen (die für gut trainierte Organe harmlos sind) eintreten, wenn das *Experimentum in corpore vili* versucht wird. Mein Freund versichert mir, dass er den hochgiftigen *Boletus satanas gegessen hat* und dabei nichts Schlimmeres als leichte Verdauungsstörungen am nächsten Morgen erlebt hat. Kann, so möchte ich fragen, die Erfahrung eines so erfahrenen Verdauungsapparats wie seinem eine Richtschnur für diejenigen sein, die nicht denselben Trainingskurs durchlaufen haben wie er?

„Wiederum: Ist es nicht möglich, dass die gleiche Pilzart, die in manchen Fällen gesund ist,, wenn sie unter anderen Umständen gezüchtet und mit anderen Nährstoffen versorgt wird, sehr unterschiedliche Eigenschaften annehmen kann? Und noch einmal: Sind wir in der Lage, über die Gesundheit eines bestimmten Lebensmittels zu urteilen, wenn nicht eine sehr große Anzahl davon versucht, sich persons—unless, um einen medizinischen Begriff zu verwenden, in einer Vielzahl von Konstitutionen „auszustellen"? Gibt es in der Tat nicht Grund zu der Annahme, dass eine solche Ausstellung in vielen Fällen alles andere als zufriedenstellend wäre?

„Im Großen und Ganzen scheint es, dass der Rat eines angesehenen Arztes, eines glühenden Bewunderers des Pilzes, gut und fundiert war. Als er von der Flucht meiner Familie bei dieser Gelegenheit hörte, sagte er, dass dieser Diätartikel mit „großer Vorsicht" eingenommen werden sollte. Und ist das übrigens nicht schon ein sehr verdächtiger Ausdruck? „Große Vorsicht!" Wenn man mir einen Herrn vorstellt und mir gleichzeitig sagt, dass ich mich ihm gegenüber mit „großer Vorsicht" verhalten muss, sonst wird er mir wahrscheinlich tödlichen Unfug antun, würde man das wohl kaum als eine sehr herzliche und vielversprechende Vorstellung ansehen; Dennoch wird uns hier gesagt, dass diese ausgezeichnete Familie, der wir so herzlich vorgestellt werden, einige Mitglieder hat, die so schändlich gesinnt sind, dass wir möglicherweise für unsere Bekanntschaft mit unserem Leben bezahlen können. Das ist nicht sehr ermutigend, und daher scheint der Kurs einer jungen Dame, die sich diesen Experimenten hingibt und mit der ich neulich gesprochen habe, sehr umsichtig zu sein. Sie sagt, dass sie diese Leckereien nie isst, bis sie gesehen hat, welche Wirkung sie auf jemand anderen hatten! Aber dennoch stellen Sie sich nur die schreckliche Szene vor, die ein Bankett dieser Art bieten würde; Jeder Gast schaut seinem Nachbarn ängstlich ins Gesicht und wartet voller Schrecken auf die Verrenkungen, die zeigen sollen, dass er von dem verhängnisvollen Gericht gegessen hat."

Obwohl uns der Aufsatz von Herrn La Touche nicht davon abhalten sollte, den Wert der Mengen *essbarer* Pilze zu nutzen und anderen aufzuzeigen, die heute im Allgemeinen auf unseren Feldern und in unseren Wäldern verrotten und nirgends so reichlich vorhanden sind wie auf den Vergnügungsplätzen und in den Wäldern rund um Landsitze, dürfte er doch für jedermann eine lohnende Lektüre sein, da er die Notwendigkeit deutlich macht, beim Sammeln die gebotene Unterscheidungskraft walten zu lassen.